面向 5G 的无线宽带协同传输方案及性能分析

冀保峰 著

科学出版社

北京

内 容 简 介

5G 移动通信系统已将大规模 MIMO 列入国际标准，并予结合超密集网络、毫米波 MIMO 等开展深入研究。MIMO 技术带来的分集增益和陈列增益有效地对抗了无线通信的衰落效应，可极大地提高信号传输的可靠性，已成为一项业界普遍认可的提高无线通信系统性能的有效技术。但由于多方面条件的约束和限制使得 MIMO 多天线技术仍存在诸多问题。分析表明，借助协作中继、网络编码等一些新的理论和技术，并利用干扰消除、干扰避免以及物理层和 MAC 层的层间协作传输，可有效地提高整个系统的传输性能。本书围绕无线通信网络中宽带协作传输方案及其性能分析的课题进行了深入研究，研究内容涉及联合协作中继选择和网络编码的协作传输策略及其性能分析，联合物理层和 MAC 层的层间协作传输，以及基于 MAC 层协作的传输方案及其性能分析等方面。

本书可作为高等院校通信专业选修课参考用书，与可供相关技术人员选用。

图书在版编目（CIP）数据

面向 5G 的无线宽带协同传输方案及性能分析/冀保峰著. —北京：科学出版社，2017.7
ISBN 978-7-03-053716-4

Ⅰ. ①面…　Ⅱ. ①冀…　Ⅲ. ①无线电通信-移动通信-通信技术-教材
Ⅳ. ①TN929.5

中国版本图书馆 CIP 数据核字 (2017) 第 138961 号

责任编辑：张　帆 / 责任校对：桂伟利
责任印制：徐晓晨 / 封面设计：迷底书装

科 学 出 版 社 出版
北京东黄城根北街 16 号
邮政编码：100717
http://www.sciencep.com

北京建宏印刷有限公司 印刷
科学出版社发行　各地新华书店经销

*

2017 年 7 月第　一　版　开本：720×1000　B5
2019 年 1 月第三次印刷　印张：8 1/2
字数：171 000
定价：68.00 元
（如有印装质量问题，我社负责调换）

前　言

为了适应 5G 数据量暴增的大规模 MU-MIMO 多天线场景，急需研究 MU-MIMO 多天线技术带来的分集增益和阵列增益，以有效对抗无线信道的衰落，可极大地提高信号传输的可靠性，成为一项业界普遍认可的提高无线通信系统性能的有效技术。这种技术已经逐渐被新一代的无线通信主流协议采纳。但是，多方面条件的约束和限制使 MIMO 多天线技术仍存在诸多问题。分析表明，借助协作中继、网络编码等一些新的理论和技术，并利用干扰消除、干扰避免以及物理层和 MAC 层的层间协作传输，可以有效地提高整个系统的传输性能。本书围绕无线通信网络中宽带协作传输方案的研究及其性能分析课题进行深入研究，研究内容涉及联合协作中继选择和网络编码的协作传输策略及其性能分析，联合物理层和 MAC 层的层间协作传输，以及基于 MAC 层协作的传输方案及其性能分析等。具体研究内容和主要工作如下。

（1）针对两个信源节点、多个双向协作中继的系统模型，基于最大化较小链路的信噪比的选择准则，研究不同参数 Nakagami-m 衰落信道下放大转发双向中继选择传输方案的性能，基于概率密度函数的性能分析法，推导双向中继选择系统的中断概率和平均误符号率的闭合表达式，分析各个节点发送功率不同时双向中继选择系统的传输性能，最后验证各种情况下的解析解与数值仿真结果的一致性。通过对双向中继选择系统两跳信道不均衡时的性能分析可知，两跳信道质量的不同，对系统性能的影响也不同，而且通过对双向中继选择系统的平均误符号率的性能分析发现，系统的平均误符号率近似等于两个信源节点中较差节点的误符号率。

（2）针对两个信源节点、多个双向协作中继的系统模型，基于最小化较差链路的误码率的选择准则，研究不同参数 Nakagami-m 衰落信道下联合网络编码和双向中继选择的协作传输方案的性能，分别考虑联合中继选择和不联合中继选择两种情况。基于概率密度函数的性能分析法，推导联合网络编码的协作中继选择方案的中断概率和平均误码率的闭合表达式，进一步推导无协作中继选择时网络编码的平均误码率的闭合表达式。仿真和分析表明，各种情况下的解析解与数值仿真结果吻合良好，并且联合网络编码的协作中继选择方案的性能要优于无协作中继选择的网络编码方案性能，通过推导还得到了联合网络编码的协作中继选择方案相对于无协作中继选择的网络编码方案的性能增益。

（3）基于 IEEE 802.11 的超高吞吐量无线局域网协议，针对 OBSS 处的站点在新型的 MU-MIMO 传输机制下受干扰比较严重，因此无法满足其服务质量要求的问题，提出了两种解决方案。第一种是缓解 OBSS 站点干扰强度的分组调度方案，通过对不同组的自适应调度来降低 OBSS 处站点的干扰强度；第二种方案是基于波束方向约束的干扰避免方案，通过对物理层和 MAC 层的优化设计，系统"和速率"有较大的提升，所提方案不仅能够较好地解决 OBSS 站点的强干扰问题，而且只需较小的帧结构修改，易于实现。

（4）基于 IEEE 802.11 的超高吞吐量无线局域网协议，针对其新引入的 MU-MIMO 传输机制进行深入研究，提出几点改进的优化设计方案，并完成相应的性能分析。所提的几点改进方案包括：第一，针对 MU-MIMO 预编码要求信道信息比较精确的特点，提出在其 TXOP 初始化后用块确认帧对信噪比进行反馈来提高 MU-MIMO 预编码的性能，并基于该反馈信息，采用"和速率"最大化准则进行功率分配的优化设计；第二，针对 MU-MIMO 分组后通信需要进行 RTS 轮询的机制，规定接入站点需要先对主 AC 用户进行轮询以提高 TXOP 初始化成功的概率；第三，由于 MU-MIMO 分组后，一个用户组有多个主 AC 用户，如果只对第一个主 AC 用户轮询后失败就放弃该 TXOP 初始化，那么这将导致各站点进入回退阶段，从而降低了系统有效的数据传输量，而且对其他主 AC 用户也不公平，因此提出在多个主 AC 用户存在时 AP 需要对第二个主 AC 用户轮询后再决定是否放弃该 TXOP 的方案；最后对 802.11ac 的 MU-MIMO 传输方案进行系统的性能分析，仿真结果表明，改进的传输方案在吞吐量方面获得了明显的性能增益，且针对性能的理论分析与仿真结果相吻合。

（5）针对 VHT WLAN 引入 MU-MIMO 和带宽扩展后造成的载波侦听机制呈现的一些问题，提出了基于 MAC 层协作的两层网络分配矢量方案，该方案不仅有效解决了传统机制存在的问题而且在实际应用中简单易行，并能获得系统吞吐量的有效提升。在此基础上提出了一种超高吞吐量无线局域网的不等带宽发送方案，该方案不仅解决了多用户模式发送时带宽的浪费问题，而且获得了系统吞吐量的进一步提高。本书对所提方案进行性能分析，获得了所提方案在单用户和多用户发送模式下的吞吐量增益。最后，本书通过仿真验证所提方案的有效性以及理论分析的正确性，从数值仿真结果可以看到，随着传输机会内剩余时长的增加，所提方案能获得显著的吞吐量性能增益。

（6）针对同信道干扰下 Small cell 的场景，本书分析宏小区基站的覆盖位置服从泊松分布且多用户预编码采用线性预编码时用户端的性能。通过基于概率密度函数的性能分析法，推导出 Small cell 的中断概率和误符号率的闭合表达式，以及 Small cell 用户端容量的闭合表达式。结果表明，由于聚合干扰的存在，仅仅依靠 Small cell 基站天线数的增加并不能持续提高用户端的性能。进一步地，本书针对 Small cell 用户的接入问题，提出一种基于能效的用户接入方案，并对所提方案进行性能分析和仿真验证。从仿真结果可以看到，所提 Small cell 用户接入方案在提高系统能效方面的有效性、理论分析的正确性，以及所提接入方案的能效性能均优于其他接入方案。

　　由于研究时间和知识水平有限，书中不足之处在所难免，恳请诸位学者专家、老师同学批评指正。

作　者

2017 年 2 月

目　　录

前言

第1章　绪论 ·· 1
　1.1　研究背景 ··· 1
　1.2　无线信道 ··· 2
　　　1.2.1　大尺度衰落 ·· 2
　　　1.2.2　小尺度衰落 ·· 3
　1.3　MIMO 信道容量 ··· 6
　　　1.3.1　MIMO 系统模型 ·· 6
　　　1.3.2　点到点的 MIMO 信道容量 ·· 6
　　　1.3.3　MIMO 空间分集 ·· 8
　1.4　中继协作传输方案 ··· 8
　　　1.4.1　中继协作通信 ··· 8
　　　1.4.2　中继协作传输的系统模型 ··· 10
　　　1.4.3　网络编码 ··· 12
　1.5　MAC 层协作传输方案 ··· 13
　1.6　Small cell 协作传输方案 ·· 14
　1.7　本书的主要工作 ··· 16
第2章　Nakagami 信道下双向中继选择的协作传输方案及其性能分析 ·· 19
　2.1　概述 ··· 19
　2.2　系统模型 ··· 20
　2.3　双向协作中继选择的传输方案 ··· 21
　2.4　双向中继选择的协作传输方案的性能分析 ······························· 22
　　　2.4.1　双向链路的概率密度函数 ·· 22
　　　2.4.2　中断概率 ··· 24
　　　2.4.3　平均误符号率 ·· 27
　2.5　仿真和分析 ·· 29
　2.6　小结 ··· 32
第3章　联合网络编码和中继选择的协作传输方案及其性能分析 ·········· 33
　3.1　概述 ··· 33
　3.2　系统模型 ··· 33

　3.3　联合网络编码的协作中继传输方案 ································35
　3.4　联合网络编码的协作中继选择传输方案的性能分析 ·············36
　　　3.4.1　联合网络编码的协作中继选择传输方案的中断概率分析 ·····36
　　　3.4.2　联合网络编码的协作中继选择传输方案的误码率分析 ·······38
　3.5　无协作中继选择的网络编码方案性能分析 ····················39
　3.6　仿真与分析 ···41
　3.7　小结 ··45
第 4 章　联合 PHY 层和 MAC 层设计的 OBSS 干扰避免方案及其性能分析 ·····46
　4.1　概述 ··46
　4.2　VHT WLANs MU-MIMO 传输机制下 OBSS 干扰问题的形成 ·········48
　4.3　VHT WLANs MU-MIMO 传输机制下 OBSS 的数学模型 ············50
　4.4　OBSS 的干扰解决方案 ·····································50
　　　4.4.1　基于站点信道相关性的分组方案 ······················50
　　　4.4.2　联合 PHY 层和 MAC 的波束方向干扰避免方案 ···········51
　　　4.4.3　基于 BSS 之间协作的干扰对准技术 ····················53
　4.5　方案 2（空间干扰避免）中发射预编码的优化设计 ·············55
　4.6　仿真结果与分析 ···58
　4.7　小结 ··61
第 5 章　基于 IEEE 802.11ac 的 MU-MIMO 传输方案的优化设计及其性能分析 ···62
　5.1　概述 ··62
　5.2　IEEE 802.11ac 中的 MU-MIMO 传输机制 ······················63
　5.3　改进的 IEEE 802.11ac MU-MIMO 传输方案 ····················65
　　　5.3.1　多用户预编码方案的改进和最优功率分配 ···············65
　　　5.3.2　MU-MIMO 传输的 MAC 层调度优化方案 ················69
　5.4　IEEE 802.11ac MU-MIMO 传输方案的性能分析 ·················71
　5.5　仿真结果与分析 ···74
　5.6　小结 ··76
第 6 章　基于 MAC 层协作的 VHT WLAN 吞吐量增强方案及其性能分析 ·······78
　6.1　概述 ··78
　6.2　现有方案问题形成和所提方案阐述 ··························79
　　　6.2.1　现有方案问题形成 ································79
　　　6.2.2　基于 MAC 层协作的吞吐量增强方案阐述 ···············80
　6.3　不等带宽发送方案 ·······································82
　6.4　所提方案性能研究 ·······································83
　6.5　仿真与分析 ···88
　6.6　小结 ··92

第 7 章　Small cell 协作传输方案及其性能分析 ·· 93
　7.1　概述 ··· 93
　7.2　系统模型 ·· 94
　7.3　聚合干扰下 Small cell 中用户的性能分析 ··································· 97
　　　7.3.1　中断概率 ·· 97
　　　7.3.2　误符号率 ·· 99
　　　7.3.3　Small cell 第 k 个用户的容量 ·· 100
　7.4　Small cell 网络中用户的接入机制 ·· 101
　　　7.4.1　大尺度衰落下基于能效的接入机制 ······································· 101
　　　7.4.2　所提接入机制的性能分析 ··· 101
　7.5　仿真与分析 ·· 104
　7.6　小结 ··· 110
第 8 章　结论与展望 ·· 111
　8.1　工作总结 ·· 111
　8.2　未来研究展望 ··· 113
参考文献 ··· 114

第1章 绪 论

1.1 研 究 背 景

无线通信是当今通信领域中最活跃的研究热点之一，随着网络时代的到来，近十几年无线网络的信息交互量正在以指数级的速度增长，受到了各行业的普遍关注。随着因特网以及无线通信多媒体技术的快速发展，人们对移动环境下的通信速率和服务质量的要求越来越高，已投入商用的移动通信系统已经远远不能满足人们日益增长的服务需求。为了更好地满足用户的服务质量要求、提高数据的传输速率，传统的无线通信蜂窝网络采用提高发射功率、小区分裂等技术来改善用户接收的信噪比，以提高用户的服务质量，然而这些技术面对浩瀚且高速的信息交互量显得杯水车薪，而且发送功率的提高会造成相邻小区的同频干扰，小区数量的增加需要花费大量的成本，这将降低无线通信系统的频谱效率，阻碍无线通信产业的迅速发展。如何高效地利用无线资源，扩展小区的覆盖面积，更好地提高系统的性能，是无线通信产业首先要解决的问题，多输入多输出(Multiple Input Multiple Output, MIMO)多天线技术和协作中继技术的提出给这些问题的解决带来了福音。MIMO 多天线技术通过在收发端配置多根天线，达到了在不增加发射功率的前提下，成倍提高系统容量的目标，不仅如此，MIMO 多天线技术带来的分集增益和阵列增益有效地对抗了无线信道的衰落，极大地提高了信号传输的可靠性，成为业界普遍认可的提高无线通信系统性能的一项有效技术。尽管多天线技术已经逐渐被新一代的无线通信主流协议所采纳，但是它仍然存在诸多问题，例如，现有的多天线都配置在基站端，而移动终端受到自身体积、重量以及现有技术等条件的约束和限制而难以配置多天线，协作中继技术的提出将发展缓慢的无线通信产业带入了一个新的发展阶段，协作中继在平坦衰落的环境中在不明显改变骨干网络的同时，解决或者部分解决了目前蜂窝网络存在的诸多问题，增加了系统的容量，提高了网络的服务质量，改善了系统的性能。众多的物理层技术有效推动了无线通信产业的发展，然而，无线信道的时变性和不同用户地理分布上的分散性使无线通信面临另外一些挑战，例如，衰落和干扰使无线信号在传输的过程中会受到来自相邻节点的影响，单纯依靠物理层技术是无法克服无线通信产业发展中的各种挑战的，因此联合物理层和媒体访问控制(Medium Access Control, MAC)层等的层间协作传输方案是一个至关重要的发展方向。

本书所研究的正是在传统 MIMO 系统中引入新技术，通过物理层和 MAC 层的联合设计进行协作传输,从而达到增强系统性能的目的。下面从简单介绍最基础的无线信道特性开始。

1.2 无 线 信 道

无线时代已经有一百多年的发展历史,而无线信道作为一种有效的、可靠的高速通信介质,受到了诸多学者和生产商家的广泛青睐。然而无线信道本身的时变性和传输的复杂性,使信号在传播过程中受到周围环境中物体辐射功率的散射、反射和衍射或者介质的折射,产生了多径衰落、阴影衰落、多普勒扩展以及一些未知干扰等因素的影响,这些影响严重阻碍了接收端对信号的正确接收。其中无线信道对信号传输的影响主要表现为衰落和扩展两大方面,衰落则主要分为大尺度衰落和小尺度衰落,而扩展主要包括多普勒扩展、延迟扩展以及角度扩展。下面对这些影响逐一地进行介绍。

1.2.1 大尺度衰落

大尺度衰落(Large-Scale Fading)是由建筑物、山脉等大型障碍物地形起伏的阻碍效应造成的,它取决于快速衰落信号的局部平均数。该平均数的统计分布状态主要受到天线高度、载波频率和特定环境的影响,而在实际环境中,大尺度衰落对信号传输的影响主要表现为路径损耗和阴影衰落两个方面。

1. 路径损耗

路径损耗是由发射功率的辐射扩散及信道的传播特性造成的。一般认为具有相同收发距离的无线信道模型,其路径损耗相同。假定信号经过自由空间到达距离为 d 处的接收机,如果发射机和接收机之间没有任何障碍物,则信号沿直线传播,这种信道称为视距信道(Line-of-Sight,LOS),相应的接收信号称为 LOS 信号或者直射信号。若 G_t 和 G_r 分别是发送和接收天线的功率增益, λ_c 是波长,那么自由空间中接收功率 P_r 与发射功率 P_t 之比为

$$\frac{P_r}{P_t} = \left(\frac{\sqrt{G_t G_r}\lambda_c}{4\pi d}\right)^2 \tag{1.1}$$

由此可见,接收功率与收发天线间距离 d 的平方成反比,而接收功率与波长 λ_c 有关是因为接收天线的有效面积和波长有关[1],如果采用定向天线,那么接收功率也有可能随着频率的增加而增大[2]。

自由空间的路径损耗(Free-Space Path Loss)定义为自由空间模型下的路径损耗 P_L:

$$P_{L}(\text{dB}) = 10\lg\frac{P_{t}}{P_{r}} = -10\lg\frac{G_{t}G_{r}\lambda^{2}}{(4\pi d)^{2}} \tag{1.2}$$

其中，dB 是分贝单位，相应的自由空间路径增益(Free-Space Path Gain)为

$$P_{G} = -P_{L} = 10\lg\frac{G_{t}G_{r}\lambda^{2}}{(4\pi d)^{2}} \tag{1.3}$$

2. 阴影衰落

阴影衰落是由发射机和接收机之间的障碍物造成的。这是因为信号在无线信道的传播过程中遇到的障碍物通过吸收、反射、散射和绕射等方式衰减了信号的功率，严重时甚至会阻断信号，从而造成给定距离处接收信号功率的随机变化。造成信号随机衰减的因素主要包括障碍物的位置、大小与介质特性以及反射面和散射体的变化情况。由于这些因素的变化情况一般都是未知的，因此只能用统计模型来表征这种随机衰减。最常用的模型就是对数正态阴影模型，它可以精确地建模室外和室内无线信道的传播环境中接收功率的变化情况[3,4]。

对数正态阴影衰落模型是将发射功率 P_t 和接收功率 P_r 的比值 $\Psi = \frac{P_t}{P_r}$ 假设为一个对数正态分布的随机变量，即

$$p(\Psi) = \begin{cases} \dfrac{\xi}{\sqrt{2\pi}\sigma_{\Psi_{\text{dB}}}\Psi}\exp\left[-\dfrac{(10\lg\Psi - \mu_{\Psi_{\text{dB}}})^{2}}{2\sigma_{\Psi_{\text{dB}}}^{2}}\right], & \Psi > 0 \\ 0, & \Psi \leqslant 0 \end{cases} \tag{1.4}$$

其中，$\xi = 10/\ln 10$（ln 是自然对数）；$\mu_{\Psi_{\text{dB}}}$ 是以 dB 为单位的 $\Psi_{\text{dB}}=10\lg(\Psi)$ 的均值；$\sigma_{\Psi_{\text{dB}}}$ 是 Ψ_{dB} 的标准差（单位也为 dB）。

由于经验路径损耗的测量已经包括对阴影衰落的平均，所以 $\mu_{\Psi_{\text{dB}}}$ 等于路径损耗[5]，路径损耗 Ψ 的平均值可以从式(1.4)求得

$$\mu_{\Psi} = E[\Psi] = \exp\left(\frac{\mu_{\Psi_{\text{dB}}}}{\xi} + \frac{\sigma_{\Psi_{\text{dB}}}^{2}}{2\xi^{2}}\right) \tag{1.5}$$

对数正态阴影衰落的参数一般采用对数均值 $\mu_{\Psi_{\text{dB}}}$，称为平均分贝路径损耗(Average Decibel Path Loss)，单位是 dB。

1.2.2 小尺度衰落

小尺度衰落是由多路径的建设性和破坏性的组合造成的，它是接收信号在空间、时间和频率中的快速波动。小尺度衰落与频率有关，尤其是当空间尺度与载波

波长相当时，会引起信号的小尺度衰落，由于经过小尺度衰落的接收信号在较短的距离或者时间内呈现起伏波动变化，因此小尺度衰落也称为快衰落，其所对应的大尺度衰落则称为慢衰落。

实际环境中由于发送端、接收端的运动引起的衰落，主要包括时间选择性衰落、频率选择性衰落以及空间选择性衰落。下面对这些衰落逐一进行介绍。

(1)时间选择性衰落：也称为多普勒扩展，是由发送端和接收端之间的相对速度导致的，可以用信道的相干时间 T_c 来描述，相干时间与多普勒扩展成反比，相干时间是信道在时域中变化快慢的度量，即相干时间越大，信道的多普勒扩展越小，信道的波动也越慢。

(2)频率选择性衰落：也称为延迟扩展，是信号在传输过程中受到多个路径的反射、散射以及折射等，导致不同路径上的信号到接收端叠加形成的。频率选择性衰落可以用相干带宽 B_c 来描述，相干带宽与延迟扩展的均方根成反比，并且是信道频率选择性的量度。路径之间的延迟间距随着路径时延而呈指数增长，而路径幅度随路径时延呈指数下降[6,7]。当相干带宽小于信号带宽时，信号经过该无线信道时将会形成频率选择性衰落。

(3)空间选择性衰落：也称为角度扩展，是天线阵列的多路径成分导致的角度扩展引起的。角度扩展对于接收端是到达角度扩展(Angle of Arrival，AOA)，对于发送端是离开角度扩展(Angle of Departure，AOD)。空间选择性衰落可以用相干距离 D_c 来描述，相干距离与角度扩展成反比，即角度扩展越大，相干距离越短。

假定衰落是由大量独立散射成分的叠加造成的，那么所接收信号的包络可以表征为一个特定的分布函数，并且由于所处场景的不同，信号包络的典型分布主要包括瑞利(Rayleigh)分布、Nakagami-n 分布以及 Nakagami-m 分布。

1)瑞利分布

瑞利衰落主要适用于描述密集建筑物和其他高大物体等的城镇中心地区的无线信道。在此环境下，无线信号的传输会被这些密集的建筑等高大物体进行反射、折射、衍射而造成衰减，并且会致使发射端与接收端之间没有直达路径。曼哈顿实验证明，当地的无线信道环境确实接近于瑞利衰落。瑞利衰落属于小尺度衰落，它总是叠加于路径损耗、阴影衰落等大尺度衰落之上。瑞利衰落信道也适用于描述经过对流层、电离层以及海面的反射和折射的信号传输模型[8-10]。

瑞利衰落对应的特定分布函数即为瑞利分布。瑞利分布是一个均值为 0，方差为 σ^2 的平稳窄带高斯随机过程，它是最常见的用于描述平坦衰落信号接收包络或者独立多径分量接收包络统计时变特性的一种分布类型。两个正交的高斯变量之和的包络服从瑞利分布，并且服从瑞利分布的无线信道增益的幅度 h_r 的概率密度函数表达式为

$$f_{h_r}(x) = \frac{x}{\sigma^2} e^{-\frac{x^2}{\sigma^2}}, \qquad x \geqslant 0 \qquad (1.6)$$

其中，σ^2 是无线信道 h_r 的方差，即 $E\left\{|h_r|^2\right\}=\sigma^2$。

2）Nakagami-n 分布

Nakagami-n 分布等同于赖斯(Rice)分布[11]，Nakagami-n 分布通常用来描述具有直达路径的信号传输，如微蜂窝网络的城镇和郊区的地面移动无线通信传输[12]、室内的 Pico cell 网络传输[13]、卫星通信以及海上通信等传输模型[14]。服从 Nakagami-n 分布的无线信道增益的幅度 h_r 的概率密度函数表达式可以表示为

$$f_{h_r}(x)=\frac{2\left(1+n^2\right)\mathrm{e}^{-n^2}x}{\sigma^2}\exp\left[-\frac{\left(1+n^2\right)x^2}{\sigma^2}\right]I_0\left[2nx\sqrt{\frac{\left(1+n^2\right)}{\sigma^2}}\right],\quad x\geqslant 0 \quad (1.7)$$

其中，n 是 Nakagami-n 的信道衰落参数，范围是 $0\sim\infty$，与 Rice 分布的因子 K 的关系是 $K=n^2$，当 $n=0$ 时，Nakagami-n 信道退化为瑞利信道，当 $n=\infty$ 时则表示无线信道没有衰落，即恒参信道；σ^2 是无线信道 h_r 的方差，即 $E\left\{|h_r|^2\right\}=\sigma^2$。

3）Nakagami-m 分布

具有 Nakagami-m 分布特征的无线信道衰落模型统称为 Nakagami 衰落，Nakagami-m 分布更加符合实际的经验数据。目前研究表明，Nakagami-m 分布对于一些实验数据的拟合比瑞利分布、Rice 分布或者对数正态分布都要好[15]。Nakagami-m 分布可以非常精确地表征地面无线通信信道[16,17]、室内移动通信信道[18]等多径无线衰落信道，而且 Nakagami-m 分布可以在衰落参数 m 不同时表征很多分布情况，例如，常见的瑞利分布或者 Rice 分布，因此只要研究获得无线信道服从 Nakagami-m 时系统的性能，就可以很容易地扩展到其他信道的情形。

如果平均发送信噪比为 γ_0，那么无线信道 h_r 服从 Nakagami-m 分布时，接收信噪比 $\gamma=\gamma_0\|h_r\|^2$ 的概率密度函数可以表示为

$$f_\gamma(x)=\frac{m^m x^{m-1}}{\gamma_0^m\Gamma(m)}\exp\left(-\frac{mx}{\gamma_0}\right),\quad x\geqslant 0 \quad (1.8)$$

Nakagami-m 的衰落参数 m 的取值范围为 $\frac{1}{2}\sim\infty$。当 $m=\frac{1}{2}$ 时，Nakagami-m 分布是单边高斯分布；当 $m=1$ 时，Nakagami-m 分布是瑞利分布；$m=\infty$ 则表示无线信道没有衰落，即恒参信道。Nakagami-m 分布的衰落参数 m 与 Nakagami-n 分布的衰落参数 n 或者 Rice 分布的衰落因子 K 的映射关系如下：

$$m=\frac{\left(1+n^2\right)^2}{1+2n^2},\quad n\geqslant 0$$

$$K=n^2=\frac{\sqrt{m^2-m}}{m-\sqrt{m^2-m}},\quad m\geqslant 1 \quad (1.9)$$

1.3　MIMO 信道容量

信道可支持的最大无差错数据传输速率叫做信道容量，1948 年 Shannon 在他著名的论文《通信数学理论》中第一次推导出了加性高斯白噪声信道的信道容量[19]。随着无线通信的迅速发展，Telatar 于 1999 年首次推导出了 MIMO 情形下高斯信道的信道容量[20]，论文证明了 MIMO 通信系统中采用的多天线技术，可以充分地利用空间资源，在没有增加带宽和发射功率的基础上，能够成倍地提高信息的传输速率并显著增强信号在无线信道上传输的可靠性，为无线通信的快速发展奠定了坚实的基础。

1.3.1　MIMO 系统模型

考虑如图 1.1 所示的一个带有 M_T 根发送天线和 M_R 根接收天线的 MIMO 无线信道模型，假定该信道是频率平坦衰落。用 $\boldsymbol{H}$ 表示 $M_\text{R} \times M_\text{T}$ 的传输矩阵，那么 MIMO 信道下的发送和接收的输入输出关系可以表示为

$$y = \sqrt{\frac{E_\text{s}}{M_\text{T}}} \boldsymbol{H} s + \boldsymbol{n} \tag{1.10}$$

其中，$\boldsymbol{y} = \left[y_1, y_2, \cdots, y_{M_\text{R}} \right]^\text{T}$ 是 $M_\text{R} \times 1$ 维的接收信号向量；$\boldsymbol{s} = \left[s_1, s_2, \cdots, s_{M_\text{T}} \right]^\text{T}$ 是 $M_\text{T} \times 1$ 维的发送信号向量；$\boldsymbol{n} = \left[n_1, n_2, \cdots, n_{M_\text{R}} \right]^\text{T}$ 是协方差矩阵为 $E\left\{ \boldsymbol{n}\boldsymbol{n}^\text{H} \right\} = N_0 \boldsymbol{I}_{M_\text{R}}$ 的零均值循环对称复高斯噪声向量；E_s 是在一个符号周期内发送端的总平均可用能量，并且发送信号的功率约束必须满足 $\text{Tr}\left\{ \boldsymbol{R}_{ss} \right\} = \text{Tr}\left\{ E\left\{ \boldsymbol{S}\boldsymbol{S}^\text{H} \right\} \right\} = M_\text{T}$。其中，$\boldsymbol{R}_{ss}$ 是发送相关矩阵；$E\{\cdot\}$ 是对变量的期望。

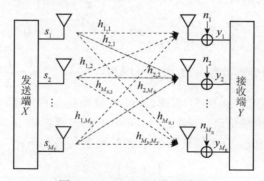

图 1.1　MIMO 无线信道模型

1.3.2　点到点的 MIMO 信道容量

首先研究确定性信道 $\boldsymbol{H}$ 时的容量，以表明无线通信系统采用 MIMO 多天线时

所能带来的系统容量增益，那么 MIMO 信道中发送信号 s 与接收信号 y 的容量或者互信息可以表示为[21]

$$I(s;y) = H(y) - H(y \mid s) \tag{1.11}$$

其中，$H(y)$ 是向量 y 的微分熵；$H(y\mid s)$ 是向量 y 的条件微分熵。如果已知发送信号向量 s，由于发送信号矢量和复高斯噪声向量是相互独立的，那么可以得到 $H(y\mid s) = H(n)$，而且 y 的协方差矩阵 $R_{yy} = E\{yy^{\mathrm{H}}\}$ 等于

$$R_{yy} = E\{yy^{\mathrm{H}}\} = \frac{E_{\mathrm{s}}}{M_{\mathrm{T}}} H R_{ss} H^{\mathrm{H}} + N_0 I_{M_{\mathrm{R}}} \tag{1.12}$$

其中，R_{ss} 是发送信号矢量的相关矩阵。

因此可以得到：

$$H(y) = \log_2\left(\det\left(\pi e R_{yy}\right)\right) \text{bit/s/Hz}$$
$$H(n) = \log_2\left(\det\left(\pi e N_0 I_{M_{\mathrm{R}}}\right)\right) \text{bit/s/Hz} \tag{1.13}$$

由文献[22]可知，MIMO 信道的容量为

$$C = \max_{\mathrm{Tr}\{R_{ss}\}=M_{\mathrm{T}}} \log_2 \det\left(I_{M_{\mathrm{R}}} + \frac{E_{\mathrm{s}}}{M_{\mathrm{T}} N_0} H R_{ss} H^{\mathrm{H}}\right) \text{bit/s/Hz} \tag{1.14}$$

并且如果假定带宽为 $W\,\mathrm{Hz}$，那么 MIMO 信道在这个带宽上可支持的最大数据传输速率等于 $WC\mathrm{bit/s}$。

如果信道状态信息 H 对于发送端和接收端都是已知的，那么 MIMO 信道的容量可以转化为 r 个平行的 SISO 信道容量之和，可以表示为

$$C = \sum_{i=1}^{r} \log_2\left(1 + \frac{E_{\mathrm{s}}\gamma_i}{M_{\mathrm{T}} N_0}\lambda_i\right) \tag{1.15}$$

其中，r 是发送信道的秩；$\gamma_i(i=1,\cdots,r)$ 是第 i 个子信道的发送能量，并满足约束 $\sum_{i=1}^{r}\gamma_i = M_{\mathrm{T}}$。

那么 MIMO 信道容量的最大化问题就可以表示为

$$C = \max_{\sum_{i=1}^{r}\gamma_i=M_{\mathrm{T}}} \sum_{i=1}^{r} \log_2\left(1 + \frac{E_{\mathrm{s}}\gamma_i}{M_{\mathrm{T}} N_0}\lambda_i\right) \tag{1.16}$$

由于对于该目标函数的变量 γ_i，MIMO 信道容量的最大化问题是一个凸优化问题[22]，因此可以获得最优的功率分配策略 γ_i^{opt} 满足：

$$\gamma_i^{\mathrm{opt}} = \left(\mu - \frac{M_{\mathrm{T}} N_0}{E_{\mathrm{s}}\lambda_i}\right)_+, \qquad i=1,\cdots,r \tag{1.17}$$

当 MIMO 信道矩阵 H 中的各元素统计独立并且服从均值为零、方差为 1

的循环对称复高斯分布时，当收发端的天线数趋于无穷大时，即 $M_R, M_T \to \infty$，利用大数定律[23,24]可以得到

$$C = \min(M_T, M_R) \, W \log_2(1 + \rho) \tag{1.18}$$

其中，$\rho = \dfrac{E_s}{N_0}$ 是第 i 根接收天线接收到的平均信噪比。式(1.18)表明 MIMO 信道的容量与发射端或接收端的最小天线数近似呈线性增长的关系。

1.3.3　MIMO 空间分集

MIMO 多天线技术不仅可以提高无线信道的容量，而且可以提供分集增益和阵列增益。信号在传输过程中经过空间、时间和频率等的变化，会导致信号强度随机波动，这通常被认为是衰落，然而分集给接收端提供了多个相互独立的分支，多个分支会使同一时刻内信号衰落的概率急剧下降，这样，分集技术就使无线链路更加稳定，改进了无线链路的可靠性或者平均误符号率(Symbol Error Probability，SEP)。无线通信系统中有很多方法可以实现独立的衰落路径分支，而其中使用多个发送天线或者接收天线的天线阵列可以获得的分集叫作空间分集。在接收空间分集中，实现独立的衰落路径不需要增加额外的发送功率或者带宽，通过分集信号可以通过相干合并来提高接收端的信噪比，这种相对于单天线的信噪比增益叫作阵列增益。除了阵列增益之外，空间分集还可以带来分集增益，分集增益要求有足够大的天线间距从而使各天线上的衰落近似独立。对于均匀散射环境及全向的发送和接收天线，达到各天线上的衰落独立，需要的最小天线间距近似等于波长的一半(精确值是波长的 38%)[5]。

用来对抗多径衰落的分集技术叫作微分集，用来对抗建筑物、地表起伏等物体的阴影衰落的分集叫作宏分集。微分集主要包括时间分集、空间分集和频率分集，而这些分集中根据发送或者接收对象的不同以及处理方法的不同，又可以分为接收分集、发送分集、极化分集以及角度分集等分集方法。而研究较多的接收分集是将多个接收天线上的独立衰落信号合并为一路之后再通过解调器进行解调。合并的方式有很多种，大部分的合并方式都是线性合并，合并后的输出结果是不同支路衰落信号的加权之和。其中接收分集的相干合并主要包括选择合并、门限合并、最大比合并和等增益合并方式，其中最大比合并可以实现接收端信噪比的最大接收，而最大比发送则是最大比合并的逆过程。

1.4　中继协作传输方案

1.4.1　中继协作通信

在传统的蜂窝网络中，基站与用户之间的无线传输是通过单跳来实现的。随着

移动通信的快速发展，为了更好地满足用户的服务质量(Quality of Service，QoS)要求，提高数据的传输速率，基站需要提高发射功率来改善用户接收的信噪比。然而，在有限的频谱资源下提高发射功率必然会造成相邻小区的同频干扰，从而降低频谱效率。为了解决这一矛盾，提高系统容量，增加频率的复用效率，传统的蜂窝网络通常采用小区分裂的方法，但现在小区分裂已接近其技术极限，基站布局已经很密，不可能再大规模地增加基站，并且基站的增加会提高运营商的组网成本，降低其市场竞争力。所以，面对日益增长的无线通信系统高速数据传输的需求，许多学者和生产商家只能通过提高带宽来解决这一矛盾，但是高带宽的要求只能在更高的工作频段才能满足，且较高的工作频段并不能克服路径损耗带来的衰落影响，传统的蜂窝网络不得不降低其小区的覆盖面积，这样却使频谱资源更加紧张，并且导致小区中存在更多的通信盲区。因此，如何高效地利用无线资源，扩展小区的覆盖面积，更好地提高系统的性能已经成为无线传输技术亟待解决的问题。

　　此外，尽管 MIMO 多天线技术逐渐被新一代的无线通信主流协作采纳，但是它仍然存在诸多问题，例如，现有的多天线都安置在基站端，而移动终端受到自身体积、重量以及现有技术等条件的约束限制难以安置多天线，并且理想的 MIMO 多天线系统要求相邻天线之间的间距要大于电波的波长，以满足多个收发天线之间的传输信道是相互独立的条件，然而，由于移动终端的体积约束和现有集成技术的限制，生产商家无法做到这一点。为此，研究者一方面提出了等效天线阵等概念，另一方面则致力于设计一种能更好克服相关信道特性的信号结构，但是这些努力都收效甚微，无线传输的研究进入了瓶颈阶段。

　　针对以上情况，Sendonaris 等[25]提出了一种新的空间分集技术——协作分集。它的基本思想是将系统中的每个移动终端搭配一个或者多个协作者，那么每个终端在传输信息的过程中既利用了自身的空间信道也利用了其协作者的空间信道，从而获取了一定的空间分集增益。中继理论的基本原理是 19 世纪末丹麦的数学家埃尔朗(Erlang)提出的，他致力于研究怎样通过有限的服务能力为大量的用户服务。在无线通信中，中继协作技术是在原有站点的基础上，通过增加一些新的中继站(Relay Station)来加大站点和天线的分布密度，这些新增的中继站点和原有基站都通过无线连接。在单向中继的传输过程中，下行数据先到达原有基站，然后传给中继节点，中继节点对接收到的信号进行处理再传输至终端用户，上行则与之相反，这种方法拉近了天线和用户的距离，可以有效地改善终端用户的链路质量，从而提高了系统的频谱效率和用户的数据传输速率。诸多学者通过研究表明，协作分集在平坦衰落的环境中在不明显改变骨干网络的同时，解决或者部分解决了目前蜂窝网络存在的问题，增加了系统的容量，提高了网络的服务质量，改善了系统的性能，为 MIMO 多天线技术的实用化提供了新的途径[26-32]。下面介绍中继协作传输的系统模型以及中继协作策略。

1.4.2　中继协作传输的系统模型

　　协作传输通过共享资源达到改善通信质量、提高通信性能的目的。按照工作模式划分，协作中继主要分为两大类：单向中继系统和双向中继系统。

　　单向中继系统工作于半双工模式，是两跳中继系统的经典模型，如图 1.2 所示。单向中继系统是由源节点广播发送信号，中继链路信号和源节点的广播信号通过多址方式在接收节点处进行分集接收，一般采用不同的时隙来区分广播信号和多址信号，因此单向中继系统中源节点到目的节点完成一次信号传输需要两个时隙。图 1.3 是由一个源节点、多个协作中继节点和一个目的节点组成的协作中继传输系统。第一个时隙内，源节点向所有的协作中继节点发送广播信号，第二个时隙内，所有的中继节点向目的节点转发信号，完成一次从源节点到目的节点的信息交换同样需要两个时隙。

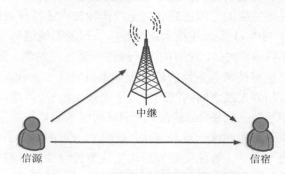

图 1.2　经典的单向协作中继系统模型

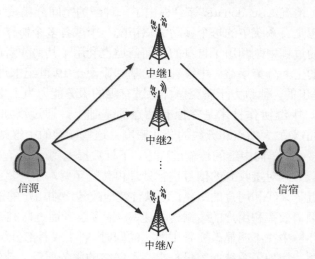

图 1.3　多个单向协作中继节点模型

　　双向中继系统也是分布式或集中式无线网络的基本元素之一。如图 1.4 所示，最简单的双向中继是两个信源节点 S_1 和 S_2 通过一个协作中继节点互换信息，从传统观点来看，为了简化媒体接入控制策略并消除协作中继节点上的干扰，若采用单向中继的传输模式，信源节点 S_1 和 S_2 完成一次信息的交换需要 4 个时隙，然而双向中继系统完成一次信源节点 S_1 和 S_2 的信息交换只需要两个时隙。图 1.5 是两个信源节点 S_1 和 S_2 通过多个协作中继节点互换信息，无论是全部使用协作中继节点进行通信还是选择其中一个或者几个进行通信，完成一次信源节点 S_1 和 S_2 的信息交换同样只需要两个时隙。

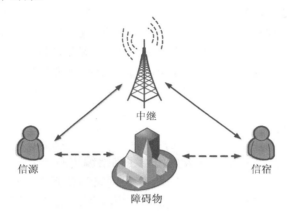

图 1.4　经典的双向协作中继模型

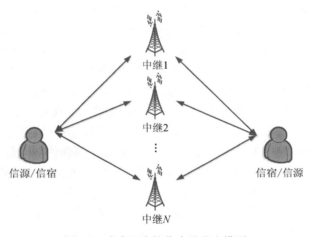

图 1.5　多个双向协作中继节点模型

按照信号处理的方式划分，协作中继主要分为放大转发（Amplify-and-Forward，AF）、译码转发（Decode-and-Forward，DF）和编码转发（Coded-and-Forward，CF）。放大转发是指中继将接收到的信号进行放大后转发给目的节点，中继的放大转发系数需要满足中继发送功率的约束条件。译码转发是指中继首先对接收信号进行译码，如果译码正确，那么中继对接收信号重新进行编码和调制，然后转发至目的节点；如果译码错误，中继则停止转发信号以避免接收端接收错误信号而造成误码传播。编码转发的协作机制中，中继节点并不是直接放大转发接收到的信号，或者是使用原来的编码方式来转发接收到的信息，而是用另外的编码方式对接收到的数据进行编码映射之后，再转发至目的节点。

协作中继使在特定的区域内只有单根天线的一些中继或者终端形成了一个虚拟天线阵，从而达到了空间分集的效果，显著地提高了用户的服务质量以及系统的吞吐量。与传统的蜂窝网络相比，中继节点的加入使移动台可以选择不同的中继节点来进行数据的处理和转发，因此如何进行协作中继节点的选择是首先要解决的问题。中继选择简化了信号的发送模式，并且避免了复杂的同步方案，同时可以保留使用多个中继时的分集度增益，而且提高了整个系统的能效[33]，因此协作中继选择是一个十分值得关注的研究热点。

1.4.3　网络编码

协作中继策略之一的编码转发功能属于网络编码的一类。2000 年，香港中文大学的 Ahlswede 等在文献中首次提出了基于网络信息流概念的网络编码的思想，论文指出根据图论中的最大流最小割原理[34,35]，网络节点对不同的信息流进行编码组合，可以获得网络多播速率的最大流限。Ahlswede 等以蝴蝶网络的研究为例，指出采用网络编码方法可以使网络的多播速率达到传输的最大流界，提高了网络的频谱效率，奠定了网络编码在现代无线通信网络中的重要地位。网络编码主要包括模拟网络编码（如放大转发中继）和数字网络编码，其中数字网络编码主要包括中继的译码转发[36]、去噪转发[37]、压缩转发以及物理层网络编码[38,40-43]等编码方案。

无线信道传输的时变性和不可靠性，以及物理层的广播特性，使无线网络环境成为网络编码首先应用的领域[44]。这是因为传统的无线传输方案无法解决协作中继在同一时间内收到来自不同输入链路的信息的问题，最为简单且常见的方法是将其中一条链路的信号作为噪声来处理，这大大降低了系统的吞吐量，并无法满足用户的服务质量要求。网络编码的出现解决了这一问题，通过对网络编码的研究发现，网络编码可以在很大程度上提高无线网络传输的性能，利用无线信道的广播特性和现有的网络编码技术，可以将原有无线网络的传输机制加以改进，获得更佳的性能。通过将网络编码的思想引入无线传输方案的研究中发现，协作中继节点可以获得对数据包进行计算的能力，从而达到获取无线网络传输增益的目的[45]。目前网络编码的研究已经涉及信息论、图论、最优化理论、数据存储、无线通信、P2P 网络、认知无线电等多个知识领域。相对于传统的数据处理方式，网络编码是一种不受网络层次限制的数据处理技术，在物理层、MAC 层、网络层以及应用层都可以采用，已经成为一种网络优化的补充机制。与传统的无线通信领域相结合的网络编码方案将成为一个新的研究热点。

两个用户通过协作中继节点交换信息时采用网络编码方案可以充分利用有限的频谱资源,扩大无线网络的覆盖,提高无线网络的容量以及优化无线传输的性能。然而,利用多个协作中继节点进行传输时,选择哪个协作中继节点进行通信是一个至关重要的问题。这不仅关系到是否可以提高系统的能效,而且关系着是否可以释放更多频谱资源以提高整个系统的频谱效率,因此联合网络编码和中继选择的协作传输方案是当前国内外学术界和工业界都普遍关注的问题。

联合网络编码和中继选择的协作传输方案已经在学术界进行了大量的研究[46-53]。目前,将网络编码和中继选择相结合逐渐成为一个研究热点。但是,已研究的联合网络编码和中继选择的协作传输方案中,大部分是应用于单向中继网络,而基于双向中继选择的网络编码协作传输方案及其性能分析也仅限于瑞利信道的假设条件下[54-56]。由于 Nakagami 信道较瑞利信道更能反映实际的信道状况,而且 Nakagami 信道的研究更能涵盖较广泛的信道环境,因此针对 Nakagami 信道下联合网络编码和双向中继选择的协作传输方案及其性能分析是一个实用且有意义的研究方向。

1.5 MAC 层协作传输方案

无线信道的时变性和不同用户地理位置分布上的分散性使无线通信面临以下挑战。

1)衰落

用户地理位置的不同以及路径损耗和阴影衰落,致使发送端和不同接收用户的大尺度衰落不同,而且多径和远近效应等小尺度衰落导致的接收端对延迟信号的合并将会引起接收信号载波波长的变化[57]。这些问题使无线信号的传输受到了很大的衰减,虽然物理层采用 MIMO 多天线技术、信道编码以及自适应调制等方案可以有效地利用时间分集、频率分集以及空间分集带来的分集增益,然而仅单纯依靠物理层技术来实现可靠且有效的无线通信传输显得有些苍白无力。

2)干扰

无线信道的共享特性导致无线信号在传输过程中会受到来自相邻节点的干扰,而这些干扰以及冲突碰撞依靠物理层技术是无法避免和消除的,然而 MAC 层的引入使这些问题得到了解决。

MAC 层的寻址功能以及信道接入控制功能使同一网络内的多个站点之间的相互通信成为可能。IEEE802.11 常被称为无线以太网,IEEE802.11 使用的全地址空间寻址方式与以太网在链路层上相互兼容,并且 IEEE802.11 MAC 支持的被称为带碰撞避免的载波侦听多址访问(Carrier Sense Multiple Access,CSMA/CA)技术的无线媒体共享接入与最初以太网所采用的带碰撞检测的载波侦听多址访问(CSMA/CD)类似,然而以太网与 IEEE 802.11 运行所基于的传输介质并不一样,这决定了这两种技术有一定的差别。

以太网信道接入协议的基本原理是：首先，各个站点等待信道变为“空闲”状态，当检测到信道处于“空闲”状态后开始传输，如果在传输过程中检测到碰撞，那么站点将停止传输并且开始一个随机回退时段，然而不同的是，IEEE 802.11 在无线介质的传输过程中，发射端是不可能检测到碰撞的，只有通过避免碰撞以降低碰撞发生的概率，因此 IEEE 802.11 采用的信道接入协议的基本原理是：站点开始等待一个随机时段，在这个时间段内，站点持续监听信道，直到该时间段结束时信道仍为“空闲”，那么站点就开始传输。

面对快速增长的信息交互量和巨大的业务量，单纯依靠物理层技术已经无法满足用户的服务质量要求，因此，通过 MAC 层和物理层的结合，可以有效地提高系统的吞吐量，从而满足用户日益增长的服务质量需求。如何在实际中充分和有效地利用物理层和 MAC 层的协作进行信号的传输，无线局域网（WLAN）以其灵活性、拓展性、移动性以及简便安装等特点，有效地利用了物理层和 MAC 层的协作，使得 WLAN 产业成为当前一个重要的发展热点。自 2008 年上半年起，IEEE 就启动了 WLAN 的新标准 IEEE802.11ac 的制定工作，它的目标是使 Wi-Fi 的传输速度达到 1Gbit/s 以上，为此成立了一个专门的工作组（Task Group ac），项目名称为 VHT，也就是超高吞吐量（Very High Throughput）。从核心技术来看，IEEE 802.11ac 是在 IEEE 802.11aWi-Fi 标准之上发展起来的，包括将使用 IEEE 802.11a 的 5GHz 频段。不过在通道的设置上，IEEE 802.11ac 将沿用 IEEE 802.11n 的 MIMO 通信技术，并推广到多用户 MIMO 通信技术，为它的传输速率达到 1Mbit/s 打下基础。IEEE 802.11ac 每个通道的带宽将由 IEEE 802.11n 的最大 40MHz，提升到 80MHz 甚至是 160MHz，再加上大约 10%的实际频率调制效率提升，最终理论传输速度将由 IEEE 802.11n 最高的 600Mbit/s 跃升至 1Gbit/s 以上。当然，实际的传输速率可能为 300～400Mbit/s，接近目前 IEEE 802.11n 实际传输速率的 3 倍（目前 802.11n 无线路由器的实际传输速率为 75～150Mbit/s），完全足以在一条信道上同时传输多路压缩视频流。

IEEE 802.11ac 引入了许多新机制，其中与以往协议最大的不同是引入了多用户 MIMO 技术和带宽扩展。多用户 MIMO 技术和带宽扩展等新机制的引入为 IEEE 802.11ac 带来了巨大的性能提升，然而新机制引入的同时也带来了诸多问题亟待解决。尽管关于 WLAN 的研究已经非常广泛[58-68]，但是这些问题的解决尚属空白。对 IEEE802.11ac 新机制的引入带来的一些问题提出的解决方案是加快无线通信中 Wi-Fi 技术的有力保障，而且可以使 IEEE 802.11ac 的性能得到更进一步的提升。

1.6 Small cell 协作传输方案

从 2010 年至今，智能电话等移动业务数据量的幅度增加已经达到 3 倍，若按此增长速度，那么到 2020 年，与 2010 年相比，移动业务数据量将增加数十倍[69]，而且如此巨大的数据业务量大多来自城市等热点区域，面对如此快速增长的巨大业务量，传统的蜂窝网络已经无法承载这么大的传输系统，增加热点的覆盖密度是解决该问题的一项有效措施。然而城市的建筑物比较密集，因此热点的覆盖难度将是首先要解决的问题，从而体积小，重量轻，能耗小，并且可以满足快速灵活且低成本部署的微基站(Small cell) 则发挥着举足轻重的作用，为这一难题提供了新的出路。在国内，2011 年 7 月 4 日，中兴通讯股份有限公司宣布推出了一体化的 LTE 微基站 ZXSDR BS8920，这是全球首款付诸商用的微基站。这款微基站与传统的基站相比，其硬件成本降低了一半，相关的配套建设成本降低了约 30%，同时其工程安装成本也将降低 30%，这款微基站体积较小，重量较轻，并且功耗较低，可以满足运营商的相关需求。

Small cell 网络的概念融合了 Femto cell、Pico cell、Micro cell 和分布式无线传输等技术。Small cell 以其较高的吞吐量和短距离的覆盖范围，可以和传统的蜂窝网络进行很好的交互覆盖，因此对提高用户的服务质量和提高系统的吞吐性能有着至关重要的意义和前景。Pico cell 和 Micro cell 都可以覆盖数百米的范围，但是和 Femto cell 的最大区别就是它们没有自适应和自管理等功能。Small cell 支持多种无线传输标准，其中包括 GSM/CDMA2000/TD-SCDMA/WCDMA/LTE 和 WiMax。在 3GPP 协议中，Home Node B 专指 3G 的 Femto cell，而 Homee NodeB 是 LTE 的 Femto cell，Wi-Fi 也是一种 Small cell，但是不工作在授权的频段，因此无法被有效地管理。最近几年，Small cell 的研究已经非常广泛，Small cell 最早是在 1984 年，由 Stocker 提出的小区分裂的概念中形成的[70]，由于当时无线传输技术的限制，该思想沉寂多年。经过二十多年无线通信的迅速发展，2007 年，Claussen 等同贝尔实验室合作对 Small cell 在实际中的应用进行了仿真研究[71,72]，此后，Claussen 等[73,74]在此基础上提出了一些优化方法用于提高 Small cell 的系统性能，自 2008 年起，Small cell 的研究日益深入[75-83]。

Small cell 的研究主要包含两个重要方面。第一个是 Small cell 的用户接入问题。目前主要存在两种接入方法，一种是封闭式接入策略，即接入该 Small cell 的移动用户是预先注册过的，而非注册用户无法接入该 Small cell。另一种是开放式接入策略，即任意用户都可以接入该 Small cell。研究表明，从网络容量的角度来看，开放式的接入策略要优于封闭式的接入策略[84]。在这种开放式的接入策略下可以设计基于能效最大化、信噪比最大化等用户接入方案。第二个重要的研究方面是 Small cell 的干扰问题。目前的学术研究中主要存在几种干扰模型。第一种是一个宏基站和一个移动用户进行通信，将其他宏基站和 Small cell 均视作干扰进行处理。在这种干扰模型下，封闭式的接入策略将导致来自干扰信号能量的强度高于期望信号能量的强度，这是 Small cell 网络不同于传统蜂窝网络的一个重要特点[85-88]。第二种是考虑单个 Small cell 的干扰情况，假定 Small cell 受到的干扰主要来自不同的宏小区，其中 Small cell 以相对稀疏的分布方式部署，许多学者指出这种模型是一种较为精确的模型[84,89,90]。第三种则假定宏小区基站和 Small cell 基站均服从均匀分布。由于这种假设在实际环境中并不常见，因此，到目前为止，以这种模型为背景来研究 Small cell 的文章数量较少[91-93]。

1.7　本书的主要工作

本书主要研究协作中继传输系统的性能分析、联合网络编码的协作中继选择传输方案及其性能分析，联合 PHY 层和 MAC 层设计的重叠基本服务集(Overlapping Basic Service Set, OBSS)空分干扰避免方案以及自适应带宽的传输方案及其性能分析，IEEE802.11ac 的 MAC 层优化方案及其性能分析，OBSS 吞吐量增强的 MAC 层协作传输方案和 Small cell 协作传输时的干扰分析以及用户接入设计及其性能分析。

本书的具体研究内容和主要结构安排如下。

第 2 章研究两个用户通过双向中继进行通信的性能，整个通信过程在两个时隙内完成。假定信道范数服从 Nakagami-m 分布，双向中继采用放大转发并且已知信道状态信息，采用最大化较小链路信噪比的双向中继选择准则，推导 Nakagami-m 信道下两用户多个双向中继系统的接收端信噪比的概率密度函数和中断概率的闭合表达式，并得出相应的分集度与阵列增益。理论分析结果显示系统性能与天线数、发射功率以及 Nakagami-m 衰落参数 m 的确切关系，并且在高信噪比时，不同的调制方式对分集度不会造成影响，只会改变阵列增益，仿真结果验证理论分析的正确性。

第 3 章研究联合网络和双向中继选择的协作传输方案及其性能分析。本章针对 Nakagami-m 信道下采用 3 个时隙的网络编码和最小化较差用户的误码率的中继选择准则进行详细的性能分析，在 Nakagami 信道下，从双向通信的角度，通过理论分析得出其中断概率和平均误码率的解析式和渐近式，同时推导无协作中继选择时网络编码的中断概率和平均误码率解析式。通过理论分析，发现当 Nakagami 信道参数取不同值时，联合网络编码的协作中继选择方案相对于无协作中继选择时的性能增益也将随之变化。在此基础上完成了数值仿真实验，结果表明所提策略的平均误码率性能要显著高于无协作中继选择时的网络编码性能。

第 4 章提出联合 PHY 层和 MAC 层设计的 OBSS 空分干扰避免方案，并给出了相应的性能分析。OBSS 是无线局域网的主要场景，如何有效地满足 OBSS 站点的 QoS 要求成为无线局域网的研究重点之一。而被称为新一代 Wi-Fi 的 VHT WLAN 多用户 MIMO 的引入，使 OBSS 场景的干扰问题成为亟待解决的对象。本章在 VHT WLAN 的草案基础上，针对无线局域网 OBSS 站点在新型的多用户 MIMO（Multiple Users MIMO，MU-MIMO）传输机制下的干扰问题提出了两种解决方案。第一种是基于站点信道相关性的分组方法，通过分组使各站点信道之间相互正交或近似正交来达到缓解 OBSS 站点的强干扰问题。从仿真结果可以看到所提方案与传统方案相比在误码率（Bit Error Probability，BER）性能上的优越性。第二种方案是针对需满足 QoS 要求的 OBSS 站点，在现有协议基础上提出了一种基于波束方向约束的干扰避免方案，通过对物理层和 MAC 层的优化设计，使系统"和速率"有较大的提升，所提方案不仅能够基本解决 OBSS 站点的强干扰问题，而且只需较小的帧结构修改，容易实现。目前存在的第三种方案则是利用干扰对准技术，在假定站点可以同时关联多个接入站点（Access Point，AP）的场景下，本章对比采用干扰对准方案和传统方案时对 OBSS 站点性能的影响。

第 5 章在 IEEE 802.11ac Draft 2.0 标准草案的基础上针对其新引入的 MU-MIMO 传输机制进行深入研究，提出几点改进的优化设计方案意见，并完成相应的性能分析。所提出的几点改进方案意见包括：第一，针对 MU-MIMO 预编码要求信道信息比较精确的特点提出在其传输机会（Transmit Opportunity，TXOP）初始化后用块确认（BA）帧对信噪比进行反馈来提高 MU-MIMO 预编码的性能，并基于该反馈信息，采用"和速率"最大化准则进行功率分配的优化设计；第二，针对 MU-MIMO 分组后通信需要进行 RTS 轮询的机制，规定接入站点（该处指 AP，因为 IEEE 802.11ac 无上行 MU-MIMO）需要先对主接入类别（Access Category，AC）用户进行轮询以提高 TXOP 初始化成功的概率；第三，由于 MIMO 多用户分组后，一个用户组（Group）有多个主 AC 用户，如果只对第一个主 AC 用户轮询失败后就放弃该 TXOP 初始化，则对第二个主 AC 用户不公平而且降低了 TXOP 初始化成功的概率，因此提出在多个主 AC 用户存在时 AP 需要对第二个主 AC 用户轮询后再决定是否放弃该 TXOP。最后对 IEEE 802.11ac 的 MU-MIMO 传输方案进行系统的性能分析，仿真结果表明，改进的传输方案在误码率和吞吐量方面获得了明显的性能增益，且针对性能的理论分析与仿真结果吻合。

第 6 章针对 VHT WLAN 引入 MU-MIMO 和带宽扩展后造成的载波侦听机制呈现的一些问题，提出了两层网络分配矢量（Two Level Network Allocation Vector，TLNAV）方案。该方案不仅有效解决了传统机制存在的问题而且在实际应用中简单易行，并能获得系统吞吐量的有效提升。在此基础上，本章提出 VHT WLAN 的不等带宽发送方案，该方案不仅解决了多用户模式发送时带宽的浪费问题，而且获得了系统吞吐量的进一步提高。本章对所提方案进行了性能分析，获得了所提方案在单用户和多用户发送模式下的吞吐量增益。最后，本章通过仿真验证了所提方案的有效性以及理论分析的正确性。从仿真结果可以看到，随着传输机会内剩余时长的增加，所提方案能获得显著的吞吐量性能增益。

第 7 章针对同信道干扰下 Small cell 的场景，分析宏小区基站覆盖位置服从泊松分布，多用户预编码采用线性预编码时用户端的性能，推导用户端的信干比概率密度函数表达式。并在此基础上推导出用户端的误码率以及热点与用户之间的容量表达式。结果表明，由于聚合干扰的存在，仅仅依靠 Small cell 天线数的增加并不能持续地提高用户的性能。本章针对 Small cell 用户的接入问题，提出一种基于能效的用户接入方案，并对所提方案进行性能分析和仿真验证。从仿真结果可以看到基于能效的 Small cell 用户接入方案的正确性，并且所提方案的能效要优于基于信噪比、基于容量等其他接入方案的性能。

第 8 章是全书的结论和展望，给出进一步工作的展望。

第2章 Nakagami 信道下双向中继选择的协作传输方案及其性能分析

2.1 概   述

最早的协作中继传输系统可以追溯到 20 世纪 Cover Gamal 等所研究的中继模型[94]，该模型是包括一个信源、一个中继和一个信宿的三节点系统，Cover 等推导出该模型下系统容量的上界和下界。尽管这些理论研究证明协作中继可以带来吞吐量的巨大提升，然而受到当时无线通信技术条件的限制，协作中继传输在理论和实际应用中难以获得进一步的突破，因此中继技术的研究沉寂了大约二十年。直到 Sendonaris 等提出了协作分集的概念[25,29]，其基本思想是系统中的每个终端都可以有一个或多个协作节点，每个终端在传输信息的过程中既利用了自身的空间信道，也利用了协作节点的空间信道，从而获取了一定的空间分集增益，这样，单天线的终端也可以获得空间分集增益。研究表明，在平坦衰落环境下，协作分集可以扩大系统容量，提高网络服务质量，改善系统性能。协作中继传输作为协作分集技术主要的传输方式，不仅可以有效地对抗无线信道的衰落，而且可以增强通信系统的可靠性、扩大覆盖范围、提高频谱效率[95-98]。值得注意的是，协作中继传输网络需要各个独立终端紧密配合，从系统能效最大化的角度出发，由于中继节点的加入，移动终端需要选择不同的协作中继节点进行数据的处理和转发，因此引出了协作节点选择机制，即中继选择问题。

传统的单向中继协作网络中，所有的传输节点都工作于半双工模式。如果节点 S_1 需要向 S_2 传输信息，那么此时，作为信源节点的 S_1 将先发送信号到协作中继节点，中继进行处理(如放大、译码等方案)再转发至信宿节点 S_2，整个过程需要两个时隙可以完成。按照这样的传输过程，节点 S_1 和 S_2 之间互换一次信息需要 4 个时隙方可完成，从系统吞吐量最大化的角度来看，这大大降低了协作中继通信网络的频谱效率。为了解决这一问题，Rankov 等[99]和 Larsson 等[100]提出了双向中继的概念。双向中继的协作传输主要分为两个阶段：第一个阶段是多址阶段，即第一个时隙内两个源节点发送信号到协作中继节点；第二个阶段是广播阶段，即第二个时隙内协作中继节点对接收到的信号进行处理(如放大或译码等)再转发至两个目的节点，节点通过自干扰消除后再进行译码可获得目的信号，整个传输过程只需要两个时隙即可完成。

双向中继最早源于 1961 年香农研究双向通信的信道容量问题。经过几十年无线通信的迅猛发展，Rankov 在文献[99]中介绍了双向协作中继协议的基本流程。Ping 等[101]又对比了单向中继网络和双向中继网络的平均和速率性能。Duong 等[102]

推导了单向中继网络下的中断概率、平均误符号率以及平均和速率的闭合表达式，这些研究为协作中继传输技术的发展奠定了坚实的基础。

此外，针对中继选择方面的研究，单向中继选择的研究已经非常广泛[103-108]，而针对双向中继选择的研究是近几年的研究热点，Song 等[109]在发送端未知信道状态信息的情况下，研究了利用差分调制时，双向中继选择方案的 SEP 性能。Jing[110]研究了瑞利信道下双向中继选择的 SEP 性能。Guo 等[111]设计了双向放大转发中继的波束形成，并给出了相应的性能分析。

目前大部分文献的研究都是在假定信道是瑞利衰落的情况下得出的结论，由于 Nakagami 信道模型与瑞利信道模型相比能够更好地反映多径衰落信道的特征，也被广泛研究，而且可以更普遍地反映多种信道分布的性能。本章在基于 Nakagami 信道的场景下，针对双向中继选择的协作传输方案进行详细的性能分析。

2.2　系　统　模　型

考虑如图 2.1 所示的系统模型，即两个信源和多个中继组成的协作并行中继网络，信源配置 M 根天线，中继配置单根天线，中继类型是双向中继并且工作在半双工状态，即发送和接收不能同时进行，各节点之间的信道为慢衰落信道，并建模成独立的 Nakagami 信道，在一个协作帧的发送过程中，假定信道增益是恒定的。各节点的加性噪声均为零均值的高斯白噪声。记 S_1 和 S_2 的两个信源节点，$r_1, \cdots, r_N$ 为 N 个并行双向中继，h_i 为信源 S_1 至第 $i(i=1,2,\cdots,N)$ 个中继的信道系数，g_i 为第 $i(i=1,2,\cdots,N)$ 个中继至信源 S_2 的信道系数。由于实际中建筑物阻挡、大尺度衰落以及阴影衰落的影响，本章假定信源 S_1 和 S_2 之间没有直达链路。根据时分双工

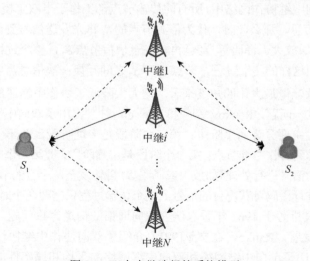

图 2.1　双向中继选择的系统模型

（Time Division Duplex，TDD）系统信道的互易性原理，第 $i(i=1,2,\cdots,N)$ 个中继至信源 S_1 和信源 S_2 的信道系数分别为 h_i^{H} 和 g_i^{H}，信源 S_1、S_2 和第 $i(i=1,2,\cdots,N)$ 个中继的发送功率约束分别为 P_1、P_2 和 Q_i。

2.3　双向协作中继选择的传输方案

我们可以获得两个信源节点的接收信噪比为

$$\gamma_{1,j}=\frac{P_2Q_j\left\|\boldsymbol{h}_j^{\mathrm{H}}\boldsymbol{g}_j\right\|^2}{\left(P_1\sigma_{w1,2}^2+Q_j\sigma_{1j}^{\mathrm{H}}\right)\left\|\boldsymbol{h}_j\right\|^2+P_2\sigma_{w1,2}^2\left\|\boldsymbol{g}_j\right\|^2+\sigma_{1,j}^2\sigma_{w1,2}^2} \tag{2.1}$$

$$\gamma_{2,j}=\frac{P_1Q_j\left\|\boldsymbol{g}_j^{\mathrm{H}}\boldsymbol{h}_j\right\|^2}{\left(P_2\sigma_{w2,2}^2+Q_j\sigma_{1j}^{\mathrm{H}}\right)\left\|\boldsymbol{g}_j\right\|^2+P_1\sigma_{w2,2}^2\left\|\boldsymbol{h}_j\right\|^2+\sigma_{1,j}^2\sigma_{w2,2}^2} \tag{2.2}$$

其中，σ_{w1}^2 和 σ_{w2}^2 分别是第二个时隙噪声 w_1 和 w_2 的方差。

诸多学者研究表明，最大化较小链路信噪比的 Max-Min 的中继选择方案是接近最优的选择策略[110]，那么基于该近似最优选择方案的中继索引 $\hat{i}$ 可以表示为

$$\hat{i}=\arg\max_j\min\left(\gamma_{1j},\gamma_{2j}\right) \tag{2.3}$$

由于信道系数 h_j 和 g_j 是相互独立的随机变量，因此信源 S_1 信噪比和信源 S_2 信噪比的表达式可以表示为

$$\gamma_{1,j}=\frac{P_2Q_j\left\|\boldsymbol{h}_j\right\|^2\left\|\boldsymbol{g}_j\right\|^2}{\left(P_1\sigma_{w1,2}^2+Q_j\sigma_{1j}^{\mathrm{H}}\right)\left\|\boldsymbol{h}_j\right\|^2+P_2\sigma_{w1,2}^2\left\|\boldsymbol{g}_j\right\|^2+\sigma_{1,j}^2\sigma_{w1,2}^2}$$

$$\gamma_{2,j}=\frac{P_1Q_j\left\|\boldsymbol{h}_j\right\|^2\left\|\boldsymbol{g}_j\right\|^2}{\left(P_2\sigma_{w2,2}^2+Q_j\sigma_{1j}^{\mathrm{H}}\right)\left\|\boldsymbol{g}_j\right\|^2+P_1\sigma_{w2,2}^2\left\|\boldsymbol{h}_j\right\|^2+\sigma_{1,j}^2\sigma_{w2,2}^2} \tag{2.4}$$

当信源 S_1 和 S_2 的发送功率 $P_1=P_2$ 时，信源 S_1 至中继再到信源 S_2 的链路 $S_1\to R\to S_2$ 与信源 S_2 至中继再到信源 S_1 的链路 $S_2\to R\to S_1$ 的信噪比 $\gamma_{1,j}$ 与 $\gamma_{2,j}$ 和信道系数的范数平方 $\left\|\boldsymbol{h}_j\right\|^2$ 与 $\left\|\boldsymbol{g}_i\right\|^2$ 之间具有以下关系：

$$\gamma_{1,j}\gtrless\gamma_{2,j}\Leftrightarrow\left\|\boldsymbol{h}_j\right\|^2\gtrless\left\|\boldsymbol{g}_i\right\|^2 \tag{2.5}$$

当信源 S_1 和 S_2 的发送功率 $P_1\neq P_2$ 时，近似最优的中继选择方案的中继索引 $\hat{i}$ 可以通过下面的方法获得

$$\hat{i}=\arg\max_j\min\left(\left\|\boldsymbol{h}_j\right\|^2,\left\|\boldsymbol{g}_i\right\|^2\right)$$

$$\mathrm{s.t}\ P_1\leqslant\rho_1,P_2\leqslant P_2,Q_j\leqslant q_j \tag{2.6}$$

2.4　双向中继选择的协作传输方案的性能分析

2.4.1　双向链路的概率密度函数

本节分析 Nakagami 信道下双向协作中继网络的性能，首先利用 $\|h_j\|^2$ 和 $\|g_i\|^2$ 的概率密度函数（Probability Density Function，PDF）得到信源 S_1 和 S_2 的接收信噪比 $\gamma_{u,j}(u=1,2)$ 的 PDF，再利用其 PDF 分析 Nakagami 信道下双向协作中继网络的中断概率和平均误符号率。

由于信道系数 h_j 和 g_j 建模为 Nakagami 信道，因此 $\|h_j\|^2$ 和 $\|g_i\|^2$ 是服从 Gamma 分布的随机变量，则假定 $\xi = \sum_{i=1}^{M} m_i$，其概率密度函数表示如下：

$$
\begin{aligned}
f_{\|h_j\|^2}(x) &= \frac{\beta^{\xi_i}}{\Gamma(\xi_i)} \cdot x^{\xi_i-1} \cdot \mathrm{e}^{-\beta x}, x \geqslant 0 \\
f_{\|g_j\|^2}(x) &= \frac{\beta^{\xi_i}}{\Gamma(\xi_i)} \cdot x^{\xi_i-1} \cdot \mathrm{e}^{-\beta x}, x \geqslant 0
\end{aligned}
\tag{2.7}
$$

为了分析方便，$\gamma_{1,j}$ 与 $\gamma_{2,j}$ 可以表示为

$$
\begin{aligned}
\gamma_{1,j} &= \frac{c \cdot \|h_j\|^2 \cdot d \cdot \|g_j\|^2}{c \cdot \|h_j\|^2 + d \cdot \|g_j\|^2 + 1} \cdot b \\
\gamma_{2,j} &= \frac{\tilde{c} \cdot \|h_j\|^2 \cdot \tilde{d} \cdot \|g_j\|^2}{\tilde{c} \cdot \|h_j\|^2 + \tilde{d} \cdot \|g_j\|^2 + 1} \cdot \tilde{b}
\end{aligned}
\tag{2.8}
$$

其中，$c = \dfrac{P_1 \sigma_{w1,2}^2 + Q_j \sigma_{1j}^2}{\sigma_{1j}^2 \sigma_{w1,2}^2}$；$d = \dfrac{P_2}{\sigma_{1j}^2}$；$b = \dfrac{Q_j \sigma_{1j}^2}{\dfrac{P_1 \sigma_{w1,2}^2 + Q_j \sigma_{1j}^2}{\sigma_{1j}^2 \sigma_{w1,2}^2}}$；$\tilde{c} = \dfrac{P_1}{\sigma_{1j}^2}$；$\tilde{d} =$

$\dfrac{P_2 \sigma_{w1,2}^2 + Q_j \sigma_{1j}^2}{\sigma_{1j}^2 \sigma_{w2,2}^2}$；$\tilde{b} = \dfrac{Q_j \sigma_{1j}^2}{\dfrac{P_2 \sigma_{w2,2}^2 + Q_j \sigma_{1j}^2}{\sigma_{1j}^2 \sigma_{w2,2}^2}}$。

从 $\gamma_{1,j}$ 与 $\gamma_{2,j}$ 的表达式可以看出，只要计算获得 $\gamma_{1,j}$ 的概率密度函数表达式，$\gamma_{2,j}$ 就可以用同样的方法得出，假定 $r_1 = c \cdot \|h_j\|^2$，$r_2 = d \cdot \|g_i\|^2$，那么 $\gamma_{1,j} = \dfrac{r_1 \cdot r_2}{r_1 + r_2 + 1} \cdot b$。

可以通过雅可比变换来计算 $\gamma_{1,j}$ 的概率密度函数，若设 $\zeta = \dfrac{r_1 r_2}{r_1 + r_2 + 1}$，$\vartheta = r_2$，那么利用雅可比变换的理论，可以得到 ζ 和 ϑ 的联合概率密度函数为

$$f(\zeta, \vartheta) = \frac{\beta_i^{\xi_i} \beta_j^{\xi_j}}{\Gamma(\xi_i)\Gamma(\xi_j) c^{\xi_i} d^{\xi_j}} \cdot e^{-\left[\frac{\beta_j}{d}\vartheta + \frac{\beta_i}{c}\left(\zeta + \frac{\zeta^2 + \zeta}{w - \zeta}\right)\right]} \zeta^{\xi_i - 1} \cdot \frac{\vartheta^{\xi_j}(\vartheta + 1)\xi_i}{(\vartheta - \zeta)^{\xi_i + 1}} \tag{2.9}$$

因此 $\gamma_{1,j}$ 的概率密度函数表达式可以通过对变量 ϑ 的积分计算为

$$f_{\frac{\gamma_{1,j}}{b}}(\zeta) = \int_\zeta^\infty f(\zeta, \vartheta)\,\mathrm{d}\vartheta \tag{2.10}$$

经过较为烦琐的变量替换等步骤，可以得到 $\gamma_{1,j}$ 和 $\gamma_{2,j}$ 的概率密度函数为定理 2.1

定理 2.1 双向链路的接收信噪比 $\gamma_{1,j}$ 和 $\gamma_{2,j}$ 的概率密度函数为

$$f_{\gamma_{1,j}}(\gamma) = \frac{2\beta_i^{\xi_i} \beta_j^{\xi_j}}{\Gamma(\xi_i)\Gamma(\xi_j) c^{\xi_i} d^{\xi_j} b^{\xi_i + j}} \cdot e^{-\left(\frac{\beta_i}{bc} + \frac{\beta_j}{bd}\right)\gamma} \sum_{i=0}^{\xi_i} \sum_{j=0}^{\xi_j + i} C_{\xi_i}^i C_{\xi_j + i}^j \gamma^{\xi_i + j - 1}$$

$$\cdot \left[\frac{\beta_j b^2 c}{\beta_i d(\gamma^2 + b\gamma)}\right]^{\frac{m_i - \xi_j - i + j}{2}} K_{\xi_i - \xi_j - i + j}\left[2\sqrt{\frac{\beta_i \beta_j(\gamma^2 + b\gamma)}{b^2 cd}}\right]$$

$$f_{\gamma_{2,j}}(\gamma) = \frac{2\beta_i^{\xi_i} \beta_j^{\xi_j}}{\Gamma(\xi_i)\Gamma(\xi_j) \tilde{c}^{\xi_i} \tilde{d}^{\xi_j} \tilde{b}^{\xi_i + j}} \cdot e^{-\left(\frac{\beta_i}{\tilde{b}\tilde{c}} + \frac{\beta_j}{\tilde{b}\tilde{d}}\right)\gamma} \sum_{i=0}^{\xi_i} \sum_{j=0}^{\xi_j + i} C_{\xi_i}^i C_{\xi_j + i}^j \gamma^{\xi_i + j - 1} \tag{2.11}$$

$$\cdot \left[\frac{\beta_j \tilde{b}^2 \tilde{c}}{\beta_i \tilde{d}(\gamma^2 + \tilde{b}\gamma)}\right]^{\frac{\xi_i - \xi_j - i + j}{2}} K_{\xi_i - \xi_j - i + j}\left[2\sqrt{\frac{\beta_i \beta_j(\gamma^2 + \tilde{b}\gamma)}{\tilde{b}^2 \tilde{c}\tilde{d}}}\right]$$

诸多学者在无线通信系统的研究过程中经常考虑当发送信噪比比较大时系统的性能[112-115]，这是因为在较大发送信噪比的情况下，可以更清晰地看到系统的渐近性能，而且当发送信噪比比较大时，可以忽略噪声对系统的影响，这在理论研究中也易于计算。下面考虑当较大发送信噪比时，$\gamma_{1,j}$ 和 $\gamma_{2,j}$ 的近似表达式可以表示如下：

$$\overline{\gamma}_{1,j} = \frac{\dfrac{P_2 Q_j}{\sigma_{1j}^2 \sigma_{w1,2}^2} \|h_j\|^2 \|g_j\|^2}{\dfrac{\left(P_1 \sigma_{w1,2}^2 + Q_j \sigma_{1j}^H\right)}{\sigma_{1j}^2 \sigma_{w1,2}^2} \|h_j\|^2 + \dfrac{P_2}{\sigma_{1j}^2} \|g_j\|}$$

$$\overline{\gamma}_{2,j} = \frac{\dfrac{P_1 Q_j}{\sigma_{1j}^2 \sigma_{w2,2}^2} \left\| h_j \right\|^2 \left\| g_j \right\|^2}{\dfrac{\left(P_2 \sigma_{w2,2}^2 + Q_j \sigma_{1j}^H \right)}{\sigma_{1j}^2 \sigma_{w2,2}^2} \left\| g_j \right\|^2 + \dfrac{P_1}{\sigma_{1j}^2} \left\| h_j \right\|} \tag{2.12}$$

实际中，在高信噪比的假设条件下，$\overline{\gamma}_{u,j}\,(u=1,2)$ 代表 $\gamma_{1,j}$ 的上界，而且从后面的仿真可以看出 $\overline{\gamma}_{u,j}\,(u=1,2)$ 与 $\gamma_{u,j}$ 的误差可以忽略。可以利用定理 2.1 所述的方法，推导出 $\overline{\gamma}_{u,j}\,(u=1,2)$ 的概率密度函数表达式(推论 2.1)。

推论 2.1　在较高发送功率的条件下，$\overline{\gamma}_{u,j}\,(u=1,2)$ 的概率密度函数表达式为

$$f_{\overline{\gamma}_{1,j}}(\gamma) = \frac{2\beta_i^{\xi_i}\beta_j^{\xi_j}}{\Gamma(\xi_i)\Gamma(\xi_j) c^{\xi_i} d^{\xi_j} b^{2\xi_i+j-i}} \cdot e^{-\left(\frac{\beta_i}{bc}+\frac{\beta_j}{bd}\right)\gamma} \gamma^{\xi_i+\xi_j} \sum_{i=0} C_{\xi_i+\xi_j}^i \gamma^{2\xi_i+\xi_j-i+1}$$

$$\cdot \left[\frac{\beta_j b^2 c}{\beta_i d\left(\gamma^2+b\gamma\right)}\right]^{\frac{m_i-i}{2}} K_{\xi_i-i}\left[2\sqrt{\frac{\beta_i \beta_j\left(\gamma^2+b\gamma\right)}{b^2 cd}}\right] \tag{2.13}$$

$$f_{\overline{\gamma}_{2,j}}(\gamma) = \frac{2\beta_i^{\xi_i}\beta_j^{\xi_j}}{\Gamma(\xi_i)\Gamma(\xi_j) \tilde{c}^{\xi_i} \tilde{d}^{\xi_j} \tilde{b}^{2\xi_i+j-i}} \cdot e^{-\left(\frac{\beta_i}{\tilde{b}\tilde{c}}+\frac{\beta_j}{\tilde{b}\tilde{d}}\right)\gamma} \gamma^{\xi_i+\xi_j} \sum_{i=0} C_{\xi_i+\xi_j}^i \gamma^{2\xi_i+\xi_j-i+1}$$

$$\cdot \left[\frac{\beta_j \tilde{b}^2 \tilde{c}}{\beta_i \tilde{d}\left(\gamma^2+\tilde{b}\gamma\right)}\right]^{\frac{\xi_i-i}{2}} K_{\xi_i-i}\left[2\sqrt{\frac{\beta_i \beta_j\left(\gamma^2+\tilde{b}\gamma\right)}{\tilde{b}^2 \tilde{c}\tilde{d}}}\right]$$

2.4.2　中断概率

基于上述分析和结论可以求得 Nakagami 信道下双向中继协作传输系统的中断概率。为了计算表述方便，把 $\overline{\gamma}_{u,j}\,(u=1,2)$ 写成如下形式：

$$\overline{\gamma}_{1,j} = \frac{\left\| h_j \right\|^2 \left\| g_j \right\|^2}{\dfrac{1}{db}\left\| h_j \right\|^2 + \dfrac{1}{cb}\left\| g_j \right\|^2} = \frac{\left\| h_j \right\|^2 \left\| g_j \right\|^2}{a_1\left\| h_j \right\|^2 + a_2\left\| g_j \right\|^2}$$

$$\overline{\gamma}_{2,j} = \frac{\left\| h_j \right\|^2 \left\| g_j \right\|^2}{\dfrac{1}{\tilde{d}\tilde{b}}\left\| h_j \right\|^2 + \dfrac{1}{\tilde{c}\tilde{b}}\left\| g_j \right\|^2} = \frac{\left\| h_j \right\|^2 \left\| g_j \right\|^2}{\tilde{a}_1\left\| h_j \right\|^2 + \tilde{a}_2\left\| g_j \right\|^2} \tag{2.14}$$

计算链路 $S_1 \rightarrow R \rightarrow S_2$ 的中断概率为

$$P_{\overline{\gamma}_{1,j}}(\gamma) = \int_0^\infty \Pr\left[\frac{x_1 x_2}{a_1 x_1 + a_2 x_2} \leqslant \gamma \Big| x_1\right] f(x_1)\,\mathrm{d}x_1$$

$$= \int_0^{a_2\gamma} \Pr\left[x_2 \geqslant \frac{a_1\gamma x_1}{x_1 - a_2\gamma}\Big|x_1\right] f(x_1)\mathrm{d}x_1$$
$$+ \int_{a_2\gamma}^{\infty} \Pr\left[x_2 \leqslant \frac{a_1\gamma x_1}{x_1 - a_2\gamma}\Big|x_1\right] f(x_1)\mathrm{d}x_1 \tag{2.15}$$

则第二个等号右边的第一项可以表示为

$$\int_0^{a_2\gamma} \Pr\left[x_2 \geqslant \frac{a_1\gamma x_1}{x_1 - a_2\gamma}\Big|x_1\right] f(x_1)\mathrm{d}x_1 = 1 - \frac{\Gamma\left(\alpha, \frac{a_2\gamma}{\beta}\right)}{\Gamma(\alpha)} \tag{2.16}$$

第二项可以计算为

$$\int_{a_2\gamma}^{\infty} \Pr\left[x_2 \leqslant \frac{a_1\gamma x_1}{x_1 - a_2\gamma}\Big|x_1\right] f(x_1)\mathrm{d}x_1$$
$$= \frac{\Gamma\left(\alpha, \frac{a_2\gamma}{\beta}\right)}{\Gamma(\alpha)} - \frac{1}{\Gamma^2(\alpha)\beta^\alpha} \int_{a_2\gamma}^{\infty} \frac{x_1^{\alpha-1} \cdot \mathrm{e}^{-\frac{x_1}{\beta}} \cdot \Gamma\left(\alpha, \frac{a_1\gamma x_1}{\beta x_1 - a_2\beta\gamma}\right)}{\Gamma(\alpha)\Gamma(\beta)\beta^\alpha}\mathrm{d}x_1$$
$$= \frac{\Gamma\left(\alpha, \frac{a_2\gamma}{\beta}\right)}{\Gamma(\alpha)} - \frac{2(\alpha-1)!}{\Gamma^2(\alpha)\beta^\alpha} \cdot \mathrm{e}^{-\frac{a_1\gamma + a_2\gamma}{\beta}} \cdot \sum_{k=0}^{\alpha-1}\sum_{l=0}^{k}\sum_{m=0}^{\alpha-1} C_k^l C_{\alpha-1}^m$$
$$\cdot \frac{a_1^{\frac{2k+m-l+1}{2}} a_2^{\frac{2\alpha-m+l-1}{2}}}{k!\beta^k} \gamma^{k+\alpha} \cdot K_{l-m-1}\left(2\sqrt{\frac{a_1 a_2\gamma^2}{\beta^2}}\right) \tag{2.17}$$

则中断概率表达式可以写为

$$P_{\bar{\gamma}_{1,j}}(\gamma) = 1 - \frac{2(\alpha-1)!}{\Gamma^2(\alpha)\beta^\alpha} \cdot \mathrm{e}^{-\frac{a_1\gamma + a_2\gamma}{\beta}} \cdot \sum_{k=0}^{\alpha-1}\sum_{l=0}^{k}\sum_{m=0}^{\alpha-1} C_k^l C_{\alpha-1}^m$$
$$\cdot \frac{a_1^{\frac{2k+m-l+1}{2}} a_2^{\frac{2\alpha-m+l-1}{2}}}{k!\beta^k} \gamma^{k+\alpha} \cdot K_{l-m-1}\left(2\sqrt{\frac{a_1 a_2\gamma^2}{\beta^2}}\right)$$
$$P_{\bar{\gamma}_{2,j}}(\gamma) = 1 - \frac{2(\alpha-1)!}{\Gamma^2(\alpha)\beta^\alpha} \cdot \mathrm{e}^{-\frac{a_1'\gamma + a_2'\gamma}{\beta}} \cdot \sum_{k=0}^{\alpha-1}\sum_{l=0}^{k}\sum_{m=0}^{\alpha-1} C_k^l C_{\alpha-1}^m$$
$$\cdot \frac{a_1'^{\frac{2k+m-l+1}{2}} a_2'^{\frac{2\alpha-m+l-1}{2}}}{k!\beta^k} \gamma^{k+\alpha} \cdot K_{l-m-1}\left(2\sqrt{\frac{a_1' a_2'\gamma^2}{\beta^2}}\right) \tag{2.18}$$

因此可以获得 $\gamma_{\hat{i}} = \max\min_j\{\bar{\gamma}_{1,j}, \bar{\gamma}_{2,j}\}$ 的累积分布函数(Cumulative Density Function,CDF)为

$$F(\gamma_{\hat{i}}) = \prod_{j=1}^{N}\left\{1 - \left[1 - P_{\bar{\gamma}_{1,j}}(\gamma_{\hat{i}})\right]\left[1 - P_{\bar{\gamma}_{2,j}}(\gamma_{\hat{i}})\right]\right\} \tag{2.19}$$

如果信源节点 S_1 与 S_2 和中继功率 Q_j 相等,并且等于 p ,那么 $\bar{\gamma}_{1,j}$ 和 $\bar{\gamma}_{2,j}$ 可以

简化为

$$\overline{\gamma}_{1,j} = \frac{p\|h_j\|^2\|g_j\|^2}{2\|h_j\|^2+\|g_j\|^2} = \frac{\gamma_0\|h_j\|^2\|g_j\|^2}{2\|h_j\|^2+\|g_j\|^2}$$

$$\overline{\gamma}_{2,j} = \frac{p\|h_j\|^2\|g_j\|^2}{\|h_j\|^2+2\|g_j\|^2} = \frac{\gamma_0\|h_j\|^2\|g_j\|^2}{\|h_j\|^2+2\|g_j\|^2}$$

(2.20)

则可以计算 Nakagami 信道下双向协作中继网络的中断概率为

$$
\begin{aligned}
P_{\text{outage}} &= \prod_{i=1}^{N}\Pr\left[\min\left(R_{\text{ARB}},R_{\text{BRA}}\right)<R_0\right]\\
&=\left\{\Pr\left[\min\left(R_{\text{ARB}},R_{\text{BRA}}<R_0\right)\right]\right\}^N\\
&=\left[1-\Pr\left(R_{\text{ARB}}>R_0,R_{\text{BRA}}>R_0\right)\right]^N\\
&=\left[1-\frac{\Gamma\left(\xi_i,\frac{2^{2R_0}}{\beta}\right)}{\Gamma(\xi_i)}\cdot\frac{\Gamma\left(\xi_j,\frac{2^{2R_0}}{\beta}\right)}{\Gamma(\xi_j)}\right]^N
\end{aligned}
$$

(2.21)

其中，R_{ARB} 和 R_{BRA} 分别表示 $S_1\to R\to S_2$ 和 $S_2\to R\to S_1$ 两条链路；$\beta=\frac{\xi}{\gamma}$。利用不完全 Gamma 函数的性质，即

$$\Gamma\left(\xi_i,\frac{2^{2R_0}}{\beta}\right)=\Gamma(\xi_i)-\gamma\left(\xi_i,\frac{2^{2R_0}}{\beta}\right)$$

(2.22)

并且当 $x\to\infty$ 时，$\gamma(\xi,x)\to\frac{x^\xi}{\xi}$，可以得到中断概率的渐近表达式为

$$P_{\text{outage}}\to\left[\left(\prod_{j=1}^{N}\mathscr{R}\right)^{\sum_{i=1}^{N}\min(\xi_i,\xi_j)}\cdot\gamma_0\right]^{\sum_{i=1}^{N}\min(\xi_i,\xi_j)}$$

(2.23)

其中 $\mathscr{R}$ 表示如下（η_{th} 指中断门限）：

$$\mathscr{R}=\begin{cases}\dfrac{\xi_i^{\xi_i-1}\eta_{th}^{\xi_i}}{\Gamma(\xi_i)}, & \xi_i<\xi_j\\[3mm]\dfrac{2\xi^{\xi-1}\eta_{th}^{\xi}}{\Gamma(\xi)}, & \xi_i=\xi_j=\xi\\[3mm]\dfrac{\xi_j^{\xi_j-1}\eta_{th}^{\xi_j}}{\Gamma(\xi_j)}, & \xi_i>\xi_j\end{cases}$$

如果 h_j 和 g_j 的 Nakagami 信道参数 m 相等，那么中断概率可简化为

$$P_{\text{outage}} = \left[1 - \frac{\Gamma^2\left(\xi, \frac{2^{2R_0}}{\beta}\right)}{\Gamma^2(\xi)} \right]^N \tag{2.24}$$

因此可以看到 Nakagami 信道基于双向协作中继选择的系统分集度为

$\sum\limits_{i=1}^{N} \min(\xi_i, \xi_j)$，阵列增益为 $\left(\prod\limits_{j=1}^{N} \mathscr{R}\right)^{\sum\limits_{i=1}^{N} \min(\xi_i, \xi_j)}$。

2.4.3　平均误符号率

根据 $\overline{\gamma}_{1,j}$ 和 $\overline{\gamma}_{2,j}$ 的概率密度函数可以获得 Nakagami 信道下的双向协作中继网络的平均误符号率性能，利用 γ_i 的累积分布函数：

$$F_{\max}(x) = \left[1 - \frac{\Gamma^2\left(\alpha, \frac{x}{\beta}\right)}{\Gamma^2(\alpha)} \right]^N \tag{2.25}$$

则基于 max-min 的中继选择准则下的平均误符号率可以计算如下：

$$
\begin{aligned}
p_{\text{BER}} &= \frac{1}{2} E\left[Q\left(\sqrt{v\gamma^{\max-\min}}\right) \right] \\
&= \frac{\sqrt{v}}{4\sqrt{2\pi}} \int_0^\infty \frac{e^{-\frac{v}{2}x}}{\sqrt{x}} F_{\max}(x)\,\mathrm{d}x \\
&= \frac{\sqrt{v}}{4\sqrt{2\pi}} \int_0^\infty \frac{e^{-\frac{v}{2}x}}{\sqrt{x}} \sum_{i=0}^{N} C_N^i (-1)^i \cdot \frac{\Gamma^{2i}(\alpha, \beta x)}{\Gamma^{2i}(\alpha)}\,\mathrm{d}x \\
&= \frac{\sqrt{v}}{4\sqrt{2\pi}} \sum_{i=0}^{N} \sum_{j=0}^{2i(\alpha-1)} \frac{C_N^i (-1)^i \left[(\alpha-1)!\right]^{2i}}{\Gamma^{2i}(\alpha)} f_i(j) \int_0^\infty e^{-\left(\frac{v}{2}+2i\beta\right)x} \cdot x^{j-\frac{1}{2}}\,\mathrm{d}x \\
&= \frac{\sqrt{v}}{4\sqrt{2\pi}} \sum_{i=0}^{N} \sum_{j=0}^{2i(\alpha-1)} C_N^i (-1)^i \cdot f_i(j) \cdot \beta^j \cdot \Gamma\left(j+\frac{1}{2}\right) \cdot \left(\frac{v}{2}+2\beta i\right)^{-j-\frac{1}{2}}
\end{aligned}
\tag{2.26}
$$

其中，v 表示发送端采用的调制方式，如 $v=2$ 表示二进制相移键控（Binary Phase Shift Keying，BPSK）调制；$\Gamma^{2i}(\alpha, \beta x)$ 等价于 $(\alpha-1)! e^{-\beta x} \sum\limits_{j=0}^{\alpha-1} \frac{(\beta x)^j}{j!}$，因此需要用到求和次幂的展开，即求 $\left(\sum\limits_{n=0}^{N} \frac{x^n}{n!}\right)^k$（$k=1,2,\cdots$），可以通过数学归纳法求解如下。

记

$$S_m = \left(\sum_{n=0}^{N} \frac{x^n}{n!}\right)^m = \sum_{n=0}^{mN} f_m(n) x^n$$

那么容易得到：当 $k=1$ 时，$S_1 = \sum_{n=0}^{N} \frac{x^n}{n!}$，$f_1(n) = \frac{1}{n!}$ $(n=1,2,\cdots,N)$，对于其他 n，

$f_1(n) = 0$；当 $k=2,3,\cdots$ 时，

$$
\begin{aligned}
S_k &= S_{k-1}\left(\sum_{n=0}^{N} \frac{x^n}{n!}\right) \\
&= \left[\sum_{n_{m-1}=0}^{(m-1)N} f_{m-1}(n_{m-1})x^{n_{m-1}}\right] \cdot \left(\sum_{n=0}^{N} \frac{x^n}{n!}\right) \\
&= \sum_{n_{m-1}=0}^{(m-1)N} f_{m-1}(n_{m-1})\frac{x^{n+n_{m-1}}}{n!}
\end{aligned}
\tag{2.27}
$$

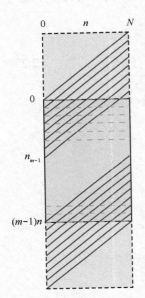

图 2.2　求和次幂分析
示意图

记 $n_m = n + n_{m-1}$，如图 2.2 所示，图中阴影区域为原始 n 和 n_{m-1} 累加所围成的区域，实线为原始累加的方向。而 $n_m = n + n_{m-1}$ 用虚线表示。只要在阴影区域之外（即 $n<0$ 或者 $n>(m-1)N$）结果就为零，则原始累积可用虚线替代。由于 $f_{m-1}(n_{m-1})=0$，$n_{m-1}<0$ 或者 $n_{m-1}>(m-1)N$，故 $n_{m-1} = n_m - n$，并且

$$
S_k = \sum_{n_m=0}^{mN} \sum_{n=0}^{N} f_{m-1}(n_m - n)\frac{x^{n_m}}{n!}
\tag{2.28}
$$

变换累加变量后可以表示为

$$
S_k = \sum_{n=0}^{mN} \sum_{n_m=0}^{N} f_{m-1}(n - n_m)\frac{x^n}{n_m!}
\tag{2.29}
$$

记 $f_m(n) = \sum_{n_m}^{N} f_{m-1}(n-n_m) \cdot \frac{1}{(n_m)!}$ $(n=1,2,\cdots,N)$，对于其他 n，$f_m(n)=0$。因此定义 $m \in N, m<0$ 并且 $\frac{1}{m!!}=0$，可以得到

$$
f_2(n) = \sum_{n_2=0}^{N} \frac{1}{(n-n_2)!!} \cdot \frac{1}{(n_2)!}
$$

$$
f_3(n) = \sum_{n_3=0}^{N} \sum_{n_2=0}^{N} \frac{1}{(n-n_2-n_3)!!} \cdot \frac{1}{(n_2)!} \cdot \frac{1}{(n_3)!}
$$

$$
\cdots\cdots
\tag{2.30}
$$

$$
f_m(n) = \sum_{n_m=0}^{N} \cdots \sum_{n_2=0}^{N} \frac{\prod_{i=2}^{m} \frac{1}{(n_i)!}}{(n-n_2-n_3-\cdots-n_m)!!}
$$

因此可以得到求和次幂的展开式。

2.5　仿真和分析

本节对双向中继选择的协作传输方案进行仿真验证和分析。

对于链路 $S_1 \rightarrow R \rightarrow S_2$，信源 S_2 的接收信噪比是 $\gamma_{1,j}$。图 2.3 为 $\gamma_{1,j}$ 的概率密度函数与高信噪比近似后的 $\overline{\gamma}_{1,j}$ 的概率密度函数的对比结果，其中各节点的功率约束分别为 $\rho_1 = 5\text{dB}$、$\rho_2 = 2\text{dB}$ 和 $q_i = 4\text{dB}$。从图中可以看到，当 Nakagami 衰落参数 m 不同时，$\gamma_{1,j}$ 与 $\overline{\gamma}_{1,j}$ 的概率密度函数吻合较好；然而，当 Nakagami 衰落参数 m 较大时，$\gamma_{1,j}$ 与 $\overline{\gamma}_{1,j}$ 的概率密度函数吻合度变差，这是因为 Nakagami 衰落参数 m 越大，端到端的直达链路性能越好，而此时端到端的无线通信过程中，衰落的影响逐渐减小，噪声逐渐成为一个影响信号正确接收的主要因素，因此在 Nakagami 信道衰落参数 m 很大时，噪声项的忽略将对系统性能的分析产生较大影响。

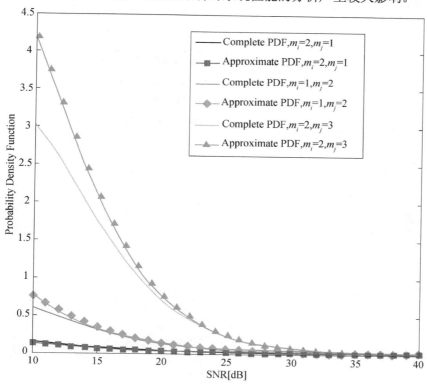

图 2.3　$\gamma_{1,j}$ 与 $\overline{\gamma}_{1,j}$ 的概率密度函数对比结果

图 2.4 对比了 $\gamma_{1,j}$ 概率密度函数表达式的解析结果和仿真结果，其中信源 1、中

继和信源 2 的发送功率分别为 $\rho_1 = 5\text{dB}$、$\rho_2 = 2\text{dB}$ 和 $q_i = 4\text{dB}$。从图中可以看到，Nakagami 信道的衰落参数 m 越大，$\gamma_{1,j}$ 的概率密度函数分布就越集中。从统计意义上讲，接收端信噪比的波动比较小，其系统性能更加稳定，而且该链路上的平均遍历容量也将更大。

图 2.5 对比了中断概率的解析结果和仿真结果，其中中继和两个用户的发送功率分别 $\rho_1 = 5\text{dB}$、$\rho_2 = 2\text{dB}$ 和 $q_i = 4\text{dB}$，Nakagami 衰落参数 $m_i = m_j = 2$。从图中可以看到，随着中继数目的增加，系统的中断概率逐渐下降。而且从仿真结果可以发现，信源 S_1 和 S_2 之间的链路 $S_1 \rightarrow R \rightarrow S_2$ 和 $S_2 \rightarrow R \rightarrow S_1$ 的中断概率与系统的中断概率相差不大，这是因为在时分双工的系统中，其中一段链路的中断将会导致系统中断概率的增加。同样，图 2.6 为平均误符号率的性能对比结果，从图中可以看到，随着协作中继数目的增加，系统的平均误符号率逐渐降低，而且系统的平均误符号率和链路 $S_1 \rightarrow R \rightarrow S_2$ 与 $S_2 \rightarrow R \rightarrow S_1$ 的平均误符号率相差不大，这是由于两个信源同时译码错误的概率是比较低的，因此系统的平均误符号率与两个信源中较差的误符号率比较接近。

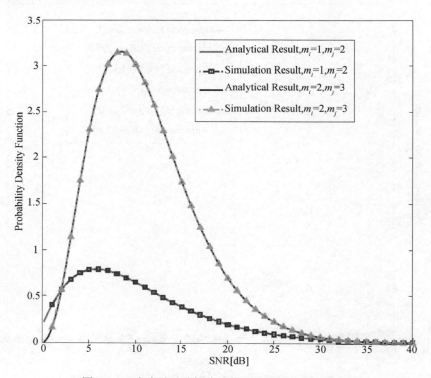

图 2.4　双向中继链路接收端信噪比的概率密度函数

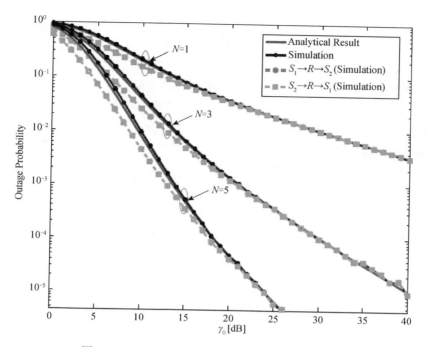

图 2.5　Nakagami 信道下双向中继选择的中断概率性能

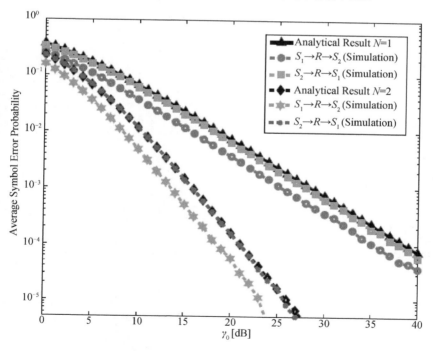

图 2.6　Nakagami 信道下双向中继选择的平均误符号率性能

2.6　小　　结

  本章对 Nakagami 信道下双向中继选择的协作传输方案进行了性能分析，推导了 Nakagami 信道下该方案的中断概率和平均误码率的性能，同时获得了信噪比较高时系统中断概率的渐近性能。从所推导的表达式可以直观地看到所提方案在 Nakagami 信道参数和协作中继数不同时，双向中继选择的协作传输所带来的分集增益和阵列增益。最后通过仿真验证了理论分析的正确性，从仿真结果可以直观地看到，随着协作中继数目的增多，系统的中断概率和平均误码率下降；随着 Nakagami 信道衰落参数的增加，系统的中断概率和平均误码率降低，这是因为 Nakagami 信道衰落参数 m 的物理意义是表征端到端直达链路的测度，m 越大，端到端的直达链路越明显，系统的性能也会因此提高。

第3章 联合网络编码和中继选择的协作传输
方案及其性能分析

3.1 概　　述

无线通信系统受到多径衰落和多普勒效应的影响,导致无线通信网络性能严重恶化,而协作分集的提出可以有效地对抗信道衰落。Laneman 等[116]和 Madsen 等[117]首先分析了协作分集在系统容量和频谱效率方面带来的性能提升。随后,Michalopoulos 等[118]给出了协作分集在信道状态信息有延迟时的性能分析,而Soliman 等[119]和 Zhang 等[120]研究了协作分集与链路调度联合优化时的系统性能,并且得出结论:在其所述场景下,协作分集可带来 50% 的性能增益。为了进一步提高网络容量,香港中文大学的 Ahlswede 等[121]于 2000 年首次提出了基于网络信息流概念的网络编码思想,其指出根据图论的最大流最小割定理,网络节点对不同信息流进行编码组合后,可以获得网络多播速率的最大流限。Ahlswede 等以蝴蝶网络的研究为例,指出采用网络编码方法可以使网络多播速率达到传输的最大流量,大大提高了网络的频谱效率,从而奠定了网络编码在现代无线通信网络中的重要地位。近年来,Kumar 等[122]定义了"和"网络的概念,并研究了网络编码应用于"和"网络的性能,而 Yang 等[123]和 Lin 等[124]则探讨了自适应调制的物理层网络编码的性能,从理论上分析了物理层网络编码采用自适应调制后的性能增益。

目前,将网络编码和中继选择相结合逐渐成为一个研究热点。但是,已研究的联合网络编码和中继选择的协作传输方案中,大部分是针对单向中继网络的,而基于双向中继选择的网络编码协作传输方案及其性能分析也仅限于瑞利信道的假设条件下[53,55,56]。由于 Nakagami 信道较瑞利信道更能反映实际的信道状况,无线通信系统的实测实验也已经证实 Nakagami 信道模型对实测数据具有更好的拟合性,所以它在理论上已经成为一类具有广泛代表意义的无线信道模型并具有重要的应用价值,因此本章针对 Nakagami 信道下联合网络编码和双向协作中继选择的协作传输方案进行性能分析。

3.2 系 统 模 型

这里考虑两个源节点(用户节点)通过 N 个协作双向中继节点来交换信息,其中 $s_1(k)$ 和 $s_2(k)$ 分别表示用户 1 和用户 2 的第 k 个信息比特, $x_1(k)$ 和 $x_2(k)$ 分别表示

对 $s_1(k)$ 和 $s_2(k)$ 调制之后的符号，即 $x_1(k) = B(s_1(k))$ 和 $x_2(k) = B(s_2(k))$，$B(\cdot)$ 表示调制方式，此处假设采用 BPSK 调制。整个传输过程可分为三步。第一个时隙，用户 1 发送 $x_1(k)$ 到 N 个协作中继节点。第二个时隙，用户 2 发送 $x_2(k)$ 到 N 个协作中继节点。第三个时隙，用户按不同的协作中继选择方案选定所需的协作中继，然后所选中继将接收信号进行网络编码后转发至各用户，其系统模型框图如图 3.1 所示。下面具体分析在第三个时隙中协作中继节点的收发信号特性及其所要进行的处理过程。

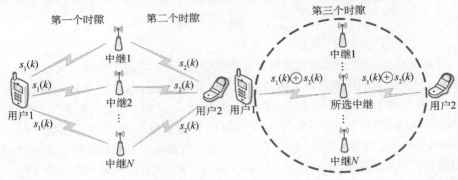

图 3.1　系统模型框图

经过前两个时隙用户的数据发送，协作中继节点 r_i 接收到的对应于用户 $u_j (j = 1, 2)$ 的信号为

$$y_{u_j, r_i}(k) = \sqrt{P_{u_j}} h_{u_j, r_i}(k) x_j(k) + n_{u_j, r_i}(k) \tag{3.1}$$

其中，$P_{u_j} (j = 1, 2)$ 是用户 $u_j (j = 1, 2)$ 的平均发送功率；$h_{u_j, r_i}(k)$ 是用户 $u_j (j = 1, 2)$ 到协作中继节点 r_i 的信道系数，服从参数为 $\left(m_i, \dfrac{m_i}{\gamma_0} \right)$ 的 Gamma 分布，m_i 是第 r_i 个协作中继节点到用户的 Nakagami 信道参数，而 $\gamma_0 = \dfrac{P_i}{\sigma^2}$，$P_i$ 是第 r_i 个协作中继节点的发送功率；$n_{u_j, r_i}(k)$ 是用户 $u_j (j = 1, 2)$ 到协作中继节点 r_i 的均值为零、方差为 σ^2 的高斯白噪声。

若索引号为 $\hat{i}$ 的协作中继被选定为第三个时隙用于发送的协作中继，那么协作中继 $r_{\hat{i}}$ 将接收信号 $y_{u_j, r_i}(k)$ 进行网络编码后发送给各用户。协作中继节点进行网络编码后的符号可记为 $\mathscr{X}_{\hat{i}}(k) = \sqrt{P_{r_{\hat{i}}}} B(s_1(k) + s_2(k)) = \sqrt{P_{r_{\hat{i}}}} B(x_{\hat{i}}(k))$，此处 $P_{r_{\hat{i}}}$ 是满足协作中继节点功率约束的放大系数。进而，用户 $u_j (j = 1, 2)$ 接收到的信号可以记为

$$y_{r_{\hat{i}}, u_j}(k) = h_{r_{\hat{i}}, u_j}(k) \mathscr{X}_{\hat{i}}(k) + n_{r_{\hat{i}}, u_j}(k) \tag{3.2}$$

其中，$h_{r_{\hat{i}}, u_j}(k)$ 是协作中继节点 $\hat{i}$ 到用户 $u_j (j = 1, 2)$ 的信道系数。

用户 $u_j (j = 1, 2)$ 在译码时，首先对接收信号 $y_{r_{\hat{i}}, u_j}(k)$ 进行 BPSK 解调，获得

$x_{\hat{i}}(k) = s_1(k) + s_2(k)$ ，由于 $x_{\hat{i}}(k)$ 是信号 $s_1(k)$ 和 $s_2(k)$ 的异或值，因此用户 $u_j(j=1,2)$ 可将 $x_{\hat{i}}(k)$ 与自身发送的信息比特进行异或运算以获得目的信号 $s_j(k)(j=1,2)$ 。

3.3 联合网络编码的协作中继传输方案

用户 $u_j(j=1,2)$ 的平均误码率主要受限于误码率较差的用户。这是由于通过联合网络编码的协作中继选择传输方案，两个用户同时译码错误而导致误码的概率很低，因此误码率较差的用户决定着系统的平均误码率(从仿真结果图 3.2 可以看到)，所以最小化误码率较差的链路选择策略是一种接近最优的协作中继选择策略[53]，这里将这种方案命名为 min-max 方案。根据无线通信系统中 BER 与信噪比之间的关系，基于最小化较差链路 BER 的 min-max 协作中继选择方案可转化为基于最大化较差链路接收信噪比的 max-min 协作中继选择方案。基于最大化较差链路接收信噪比的 max-min 协作中继选择方案和基于最小化较差链路 BER 的 min-max 协作中继选择方案几乎具有相同的性能，并且逼近于最优的协作中继选择方案(从仿真结果图 3.3 可以看到)。下面针对 Nakagami 信道下联合网络编码的协作中继传输方案进行分析。

Thinh 等[125]在文献中指出，两个正数 c_1 和 c_2 与高斯误差函数 $Q(\cdot)$ 的乘积有如下关系：

$$c_1 Q(v_1) + c_2 Q(v_2) \approx c_{k_0} Q\big[\min(v_1, v_2)\big] \tag{3.3}$$

其中， $k_0 = \arg\min_{k \in \{1,2\}}(v_k)$ 。

由图 3.2 可以得知用户 $u_j(j=1,2)$ 的平均误码率主要受限于误码率较差的用户，因此结合上述讨论以及仿真验证可知，用户的平均误码率 $P_{\text{BER}} = (P_{\text{BER},r_i,u_1} + P_{\text{BER},r_i,u_2})/2$ 可以近似为

$$P_{\text{BER}} = \frac{1}{2}(P_{\text{BER},r_i,u_1} + P_{\text{BER},r_i,u_2}) \approx \frac{1}{2}\max(P_{\text{BER},r_i,u_1}, P_{\text{BER},r_i,u_2}) \tag{3.4}$$

其中， $P_{\text{BER},r_i,u_j}(j=1,2)$ 是用户 $u_j(j=1,2)$ 的误码率。由于协作中继节点 r_i 至用户 $u_j(j=1,2)$ 的误码率 P_{BER,r_i,u_j} 可表示为[126-128]

$$P_{\text{BER},r_i,u_j}\Big[\gamma_i^{u_j}(k)\Big] = Q\Big[\sqrt{2\gamma_i^{u_j}(k)}\Big] \tag{3.5}$$

其中， $\gamma_i^{u_j}(k) = \gamma_0 \big|h_{u_j,r_i}(k)\big|^2$ ；系数 2 表示调制方式为 BPSK 调制； $Q(\cdot)$ 是高斯 Q 函数。因此，基于较差链路用户 BER 最小化的方案，协作中继节点 $\hat{i}$ 通过如下最优方案被选为协作传输节点：

$$\hat{i} = \min\Big[\max(P_{\text{BER},r_i,u_1}, P_{\text{BER},r_i,u_2})\Big]$$

$$= \min\left\{\max\left\{Q\left[\sqrt{2\gamma_i^{u_1}(k)}\right], Q\left[\sqrt{2\gamma_i^{u_2}(k)}\right]\right\}\right\} \qquad (3.6)$$

由于高斯 Q 函数是单调递减函数，因此式 (3.6) 可进一步简化为

$$\hat{i} = \max\left\{\min\left[\gamma_i^{u_1}(k), \gamma_i^{u_2}(k)\right]\right\}$$

$$= \max\left\{\min\left[\left|h_{u_1,r_i}(k)\right|^2, \left|h_{u_2,r_i}(k)\right|^2\right]\right\} \qquad (3.7)$$

基于上述联合网络编码的协作中继选择方案，后面将对该方案的性能进行深入分析，并与无中继选择的网络编码方案进行对比，从理论上推出所提方案相对于无中继选择场景下的性能增益。

3.4　联合网络编码的协作中继选择传输方案的性能分析

本节对 Nakagami 信道下，联合网络编码的协作中继选择传输方案进行性能分析，得到该传输方案下系统的中断概率以及平均误码率性能。

3.4.1　联合网络编码的协作中继选择传输方案的中断概率分析

由于用户节点与协作中继节点间的信道系数 $\left|h_{u_j,r_i}(k)\right|^2$ 是服从 Nakagami-m 的随机变量，因此，$\gamma_i^{u_j}(k) = \gamma_0\left|h_{u_j,r_i}(k)\right|^2$ 的概率密度函数表达式可建模为[126]

$$f_{\gamma_i^{u_j}(k)}(x) = \frac{m_i^{m_i}}{\gamma_0^{m_i}\Gamma(m_i)} x^{m_i-1} e^{-\frac{m_i x}{\gamma_0}} \qquad (3.8)$$

其中，$\Gamma(\cdot)$ 是 Gamma 函数[128]；m_i 是 Nakagami 衰落参数。

从而，$\gamma_i^{u_j}(k)$ 的累积分布函数可通过对 $f_{\gamma_i^{u_j}(k)}(x)$ 的积分得到：

$$F_{\gamma_i^{u_j}(k)}(x) = 1 - \frac{\Gamma\left[m_i, (m_i/\gamma_0)x\right]}{\Gamma(m_i)} \qquad (3.9)$$

最终，可以获得 $\mathscr{G} = \min\left(\gamma_i^{u_1}(k), \gamma_i^{u_2}(k)\right)$ 的累积分布函数表达式为

$$F_{\mathscr{G}}(x) = 1 - \frac{1}{\Gamma(m_{i1})\Gamma(m_{i2})}\left\{\frac{\Gamma\left[m_{i1}, (m_{i1}/\gamma_0)x\right]}{\Gamma^{-1}\left[m_{i2}, (m_{i2}/\gamma_0)x\right]}\right\} \qquad (3.10)$$

其中，m_{i1} 和 m_{i2} 分别表示第 r_i 个协作中继节点到用户 $u_j(j=1,2)$ 的 Nakagami 信道参数。因此，所选的协作中继节点 $\hat{i}$ 的累积分布函数可表示为

$$F_{\hat{i}}(x) = \left[1 - \frac{1}{\Gamma(m_{i1})\Gamma(m_{i2})}\left\{\frac{\Gamma\left[m_{i1}, (m_{i1}/\gamma_0)x\right]}{\Gamma^{-1}\left[m_{i2}, (m_{i2}/\gamma_0)x\right]}\right\}\right]^N \qquad (3.11)$$

　　由此可以得到 Nakagami 信道下联合网络编码的协作中继选择传输方案的中断概率表达式为

$$P_{\text{out}} = \left(1 - \frac{1}{\Gamma(m_{i1})\Gamma(m_{i2})} \left\{ \frac{\Gamma\left[m_{i1}, (m_{i1}/\gamma_0)\eta_{\text{th}}\right]}{\Gamma^{-1}\left[m_{i2}, (m_{i2}/\gamma_0)\eta_{\text{th}}\right]} \right\} \right)^N \tag{3.12}$$

其中，η_{th} 表示中断门限，当信噪比小于 η_{th} 时，系统信息速率太低将会导致数据包错误，从而降低中断容量。从上述中断概率表达式中不能直观地得出联合网络编码的协作中继选择传输方案的分集度和阵列增益，因此本书借助 Wang 等对高信噪比下中断概率近似表达的研究结论，即 $P_{\text{out}} \approx (G_{\text{c}} \times \gamma_0)^{-G_{\text{d}}}$ [127]，来分析在高信噪比情况下所提协作传输方案的中断概率的渐近特性，从而更直观地反映不同参数对系统中断概率的影响。

　　由于不完全 Gamma 函数 $\Gamma\left[m_{i1}, (m_{i1}/\gamma_0)\eta_{\text{th}}\right] = \Gamma(m_{i1}) - \gamma\left[m_{i1}, (m_{i1}/\gamma_0)\eta_{\text{th}}\right]$ [128]，并且 $\gamma(\alpha, X) = \frac{(X)^\alpha}{\alpha}\Phi(\alpha, 1+\alpha, -X)$ [16]，其中 $\Phi(\alpha, 1+\alpha, -X)$ 是合流超几何函数，可以通过级数展开表示为

$$\Phi(\alpha, 1+\alpha, -X) = 1 + \frac{\alpha}{1+\alpha} \cdot \frac{-X}{1!} + \frac{\alpha(2+\alpha)}{(1+\alpha)(2+\alpha)} \cdot \frac{(-X)^2}{2!} + \cdots \tag{3.13}$$

　　当发送信噪比 $\gamma_0 \to \infty$ 时，即 $X \to 0$，不完全 Gamma 函数可以近似为：$\gamma(\alpha, X) \to \frac{(X)^\alpha}{\alpha}$，因此中断概率的渐近形式可以表示为

$$P_{\text{out}} \simeq \left(\prod_{i=1}^{N} \mathcal{R}_i \right) \gamma_0^{-\sum_{i=1}^{N} \min\{m_{i1}, m_{i2}\}} \tag{3.14}$$

其中，

$$\mathcal{R}_i = \begin{cases} \dfrac{m_{i1}^{m_{i1}-1} \cdot \eta_{\text{th}}^{m_{i1}}}{\Gamma(m_{i1})}, & m_{i1} < m_{i2} \\[2mm] \dfrac{2m_i^{m_i-1} \cdot \eta_{\text{th}}^{m_i}}{\Gamma(m_i)}, & m_{i1} = m_{i2} = m_i \\[2mm] \dfrac{m_{i2}^{m_{i2}-1} \cdot \eta_{\text{th}}^{m_{i2}}}{\Gamma(m_{i2})}, & m_{i1} > m_{i2} \end{cases} \tag{3.15}$$

从而获知联合网络编码的协作中继选择方案的分集度 G_{d} 和阵列增益 G_{c} 分别为

$$G_{\text{d}} = \sum_{i=1}^{N} \min\{m_{i1}, m_{i2}\}, \quad G_{\text{c}} = \left(\prod_{i=1}^{N} \mathcal{R}_i \right)^{-1/\sum_{i=1}^{N} \min\{m_{i1}, m_{i2}\}} \tag{3.16}$$

3.4.2　联合网络编码的协作中继选择传输方案的误码率分析

从 3.3 节的分析可知,所选的协作中继节点为 $\hat{i}=\max\left\{\min\left[\left|h_{u_1,r_i}(k)\right|^2,\left|h_{u_2,r_i}(k)\right|^2\right]\right\}$。为了便于讨论,此处假设 $\max\left\{\min\left[\left|h_{u_1,r_i}(k)\right|^2,\left|h_{u_2,r_i}(k)\right|^2\right]\right\}$ 选择方案下用户 $u_j(j=1,2)$ 的信噪比表示为 $\gamma^{\text{max-min}}$。

联合网络编码和协作中继选择的传输方案中,可以计算得出用户 $u_j(j=1,2)$ 的平均误码率 $\text{BER}^{\text{S-RS-NC}}(\gamma_0)$ 为

$$\begin{aligned}\text{BER}^{\text{S-RS-NC}}(\gamma_0) &\approx \frac{1}{2}\max(P_{\text{BER},r_i,u_1},P_{\text{BER},r_i,u_2})\\&=\frac{1}{2}E\left[Q\left(\sqrt{2\gamma^{\text{max-min}}}\right)\right]\end{aligned}\tag{3.17}$$

因此, $\text{BER}^{\text{S-RS-NC}}(\gamma_0)$ 可进一步展开为

$$\begin{aligned}\text{BER}^{\text{S-RS-NC}}(\gamma_0) &=\frac{1}{2}E\left[Q\left(\sqrt{2\gamma^{\text{max-min}}}\right)\right]\\&=\frac{1}{4\sqrt{\pi}}\int_0^\infty \frac{e^{-x}}{\sqrt{x}}\left\{1-\frac{\Gamma^2\left[m,(m/\gamma_0)x\right]}{\Gamma^2(m)}\right\}^N \mathrm{d}x\\&=\frac{1}{4\sqrt{\pi}}\sum_{i=0}^N \binom{N}{i}\frac{(-1)^i}{\Gamma^{2i}(m)}\int_0^\infty \frac{e^{-x}}{\sqrt{x}}\Gamma^{2i}\left[m,(m/\gamma_0)x\right]\mathrm{d}x\\&=\frac{1}{4\sqrt{\pi}}\sum_{i=0}^N \binom{N}{i}\frac{(-1)^i\cdot\left[(m-1)!\right]^{2i}}{\Gamma^{2i}(m)}\int_0^\infty e^{-\left(1+\frac{2i\cdot m}{\gamma_0}\right)x}\cdot x^{-\frac{1}{2}}\left[\sum_{j=0}^{m-1}\left(\frac{m\cdot x}{\gamma_0}\right)^j\Big/j!\right]^{2i}\mathrm{d}x\\&=\frac{1}{4\sqrt{\pi}}\sum_{i=0}^N \sum_{j=0}^{(m-1)\cdot 2i} f_m(j)\binom{N}{i}\frac{(-1)^i\cdot\left[(m-1)!\right]^{2i}}{\Gamma^{2i}(m)}\left(1+\frac{2i\cdot m}{\gamma_0}\right)^{j+\frac{1}{2}}\Gamma\left(j+\frac{1}{2}\right)\end{aligned}\tag{3.18}$$

其中, $\left[\sum_{j=0}^{m-1}\left(\frac{m\cdot x}{\gamma_0}\right)^j/j!\right]^{2i}$ 的展开可以通过数学归纳法推导得出,即 $\left(\sum_{n=0}^N \frac{x^n}{n!}\right)^m=\sum_{n=0}^{mN} f_m(n)x^n$, 而

$$f_m(n)=\sum_{n_m=0}^N \cdots \sum_{n_2=0}^N \frac{\prod_{i=2}^m \frac{1}{(n_i)!}}{(n-n_2-n_3-\cdots-n_m)!!}\tag{3.19}$$

为了更好地体现联合网络编码的协作中继选择传输方案的误码率与分集度和

编码增益之间的关系，可以通过误码率渐近表达式进行分析。从 $F_{\hat{i}}(x)$ 的表达式中可以求得当发送信噪比足够大时，所选协作中继节点 $\hat{i}$ 的概率密度函数的渐近表达式为

$$f(x) \approx \begin{cases} \dfrac{\prod\limits_{i=1}^{N}\dfrac{m_{i1}^{m_{i1}-1}}{\Gamma(m_{i1})}\cdot\xi_{i1}}{\gamma_0^{\xi_{i1}}}\cdot x^{\xi_{i1}-1}+o\left(x^{\xi_{i1}-1+\varepsilon}\right), & 0<\varepsilon<1, m_{i1}<m_{i2} \\[4mm] \dfrac{2^N\cdot\prod\limits_{i=1}^{N}\dfrac{m_i^{m_i-1}}{\Gamma(m_i)}\cdot\xi_i}{\gamma_0^{\xi_i}}\cdot x^{\xi_i-1}+o\left(x^{\xi_i-1+\varepsilon}\right), & 0<\varepsilon<1, m_{i1}=m_{i2}=m_i \\[4mm] \dfrac{\prod\limits_{i=1}^{N}\dfrac{m_{i2}^{m_{i2}-1}}{\Gamma(m_{i2})}\cdot\xi_{i2}}{\gamma_0^{\xi_{i2}}}\cdot x^{\xi_{i2}-1}+o\left(x^{\xi_{i2}-1+\varepsilon}\right), & 0<\varepsilon<1, m_{i1}>m_{i2} \end{cases} \quad (3.20)$$

其中，$\xi_i=\sum\limits_{i=1}^{N}m_i$；$\xi_{i1}=\sum\limits_{i=1}^{N}m_{i1}$；$\xi_{i2}=\sum\limits_{i=1}^{N}m_{i2}$。

所以，当 $m_{i1}<m_{i2}$ 时，高信噪比下用户 $u_j(j=1,2)$ 的平均误码率的渐近表达式可表示为

$$f(x) \approx \begin{cases} \dfrac{\prod\limits_{i=1}^{N}\dfrac{m_{i1}^{m_{i1}-1}}{\Gamma(m_{i1})}\cdot\Gamma\left(\xi_{i1}+\dfrac{1}{2}\right)}{2\sqrt{\pi}}\gamma_0^{-\xi_{i1}}+o(\gamma_0)^{-\xi_{i1}}, & m_{i1}<m_{i2} \\[6mm] \dfrac{\prod\limits_{i=1}^{N}\dfrac{m_i^{m_i-1}}{\Gamma(m_i)}\cdot\Gamma\left(\xi_i+\dfrac{1}{2}\right)}{\sqrt{\pi}}\gamma_0^{-\xi_i}+o(\gamma_0)^{-\xi_i}, & m_{i1}=m_{i2}=m_i \\[6mm] \dfrac{\prod\limits_{i=1}^{N}\dfrac{m_{i2}^{m_{i2}-1}}{\Gamma(m_{i2})}\cdot\Gamma\left(\xi_{i2}+\dfrac{1}{2}\right)}{2\sqrt{\pi}}\gamma_0^{-\xi_{i2}}+o(\gamma_0)^{-\xi_{i2}}, & m_{i1}>m_{i2} \end{cases} \quad (3.21)$$

3.5　无协作中继选择的网络编码方案性能分析

为了进一步了解协作中继选择带来的性能增益，本节对无协作中继选择时的网络编码方案性能进行分析，并与所提方案性能进行比较。首先，假定 N 个协作中继节点以正交信道的方式发送，可通过 STBC 或其他正交方案实现，因而 N 个协作中继节点之间的数据传输不会存在干扰的情况。为了保证 N 个协作中继节点传输的公平性，各个协作中继节点以等功率发送信号。接收端收到来自 N 个协作中继节点相互独立的信号，并将所有接收信号进行合并，所获得的接收信噪比为

$$\gamma_{\text{combine}}(k) = \frac{\gamma_0}{N} \sum_{i=1}^{N} \left| h_{u_j, r_i}(k) \right|^2 \tag{3.22}$$

由于 $\left| h_{u_j, r_i}(k) \right|^2$ 是服从 Nakagami-m 的随机变量，即服从参数为 $\left(m_i, \dfrac{m_i}{\gamma_0} \right)$ 的

Gamma 分布。为了表达简便，令 $\dfrac{m_i}{\gamma_0} = \beta$。由 Gamma 分布的性质可知，$\displaystyle\sum_{i=1}^{N} \left| h_{u_j, r_i}(k) \right|^2$

将服从参数为 $\left(\displaystyle\sum_{i=1}^{N} m_i, \beta \right)$ 的 Gamma 分布，并且由随机变量的比例特性

$p_{Y=cX}(y) = p_X(y/c)/c\ (c > 0)^{[23]}$ 得到 $\gamma_{\text{combine}}(k)$ 的概率密度函数为

$$f_{\gamma_{\text{combine}}(k)}(x) = \frac{(\beta \cdot N)^{\sum\limits_{i=1}^{N} m_i}}{\Gamma\left(\displaystyle\sum_{i=1}^{N} m_i \right)} x^{\sum\limits_{i=1}^{N} m_i - 1} \mathrm{e}^{-\beta \cdot N \cdot x} \tag{3.23}$$

对式 (3.23) 进行积分，可以得到 $\gamma_{\text{combine}}(k)$ 的累积分布函数为

$$F_{\gamma_{\text{combine}}(k)}(x) = \frac{\gamma\left(\displaystyle\sum_{i=1}^{N} m_i, m_i \cdot N \cdot x / \gamma_0 \right)}{\Gamma\left(\displaystyle\sum_{i=1}^{N} m_i \right)} \tag{3.24}$$

为了表述方便，将 $\displaystyle\sum_{i=1}^{N} m_i$ 替换为 ξ_i，$\beta \cdot N$ 替换为 B，从而无协作中继选择的

网络编码传输方案的平均误码率 $\text{BER}^{\text{NC-NO-RS}}$ 可以表示为

$$\text{BER}^{\text{NC-NO-RS}} = \frac{1}{2} E\left[Q\left(\sqrt{2\gamma^{\text{combine}}} \right) \right]$$

$$= \frac{1}{4\sqrt{\pi} \cdot \Gamma^2(\alpha)} \int_0^\infty \frac{\mathrm{e}^{-x}}{\sqrt{x}} \left[\gamma(\xi_i, B \cdot x) \right]^2 \mathrm{d}x$$

$$= \begin{cases} \dfrac{1}{2} \left[1 - \sqrt{\dfrac{2\gamma_0}{\xi_i + 2\gamma_0}} \displaystyle\sum_{k=0}^{\xi_i - 1} \binom{2k}{k} \left(\dfrac{1}{4} - \dfrac{\gamma_0}{2 \cdot \xi_i + 4\gamma_0} \right)^k \right], & m_i \text{ 为整数} \\[4mm] \dfrac{1}{2\sqrt{\pi}} \dfrac{\sqrt{2\gamma_0 / \xi_i}}{(1 + 2\gamma_0 / \xi_i)^{\xi_i + 1/2}} \cdot \dfrac{\Gamma\left(\xi_i + \dfrac{1}{2} \right)}{\Gamma(\xi_i + 1)} \cdot {}_2F_1\left(1, \xi_i + \dfrac{1}{2}; \xi_i + 1; \dfrac{\xi_i}{\xi_i + 2\gamma_0} \right), & m_i \text{ 为非整数} \end{cases} \tag{3.25}$$

其中，${}_2F_1(\cdot)$ 是超几何函数。

当协作中继节点的发送功率很高，即 $\gamma_0 \to 0$ 时，$\gamma_{\text{combine}}(k)$ 的累积分布函数的

渐近表达式可以表示为

$$F_{\gamma_{\text{combine}}(k)}(x) = \frac{(B \cdot x)^{\xi_i}}{\Gamma(\xi_i + 1)} + o\left(x^{\xi_i + \varepsilon}\right), \quad 0 < \varepsilon < 1 \tag{3.26}$$

对 $\gamma_{\text{combine}}(k)$ 的概率密度函数进行一阶麦克劳林展开，可以得到

$$f_{\gamma_{\text{combine}}(k)}(x) = \frac{(N \cdot m_i)^{\xi_i} \cdot x^{\xi_i - 1}}{\Gamma(\xi) \gamma_0^{\xi_i}} + o\left(x^{\xi_i - 1 + \varepsilon}\right), \quad 0 < \varepsilon < 1 \tag{3.27}$$

因此，在高信噪比的情况下，无协作中继选择的网络编码方案的平均误码率的渐近表达式为

$$P_{\text{BER}}^{\text{NC-NO-RS}} = \frac{2^{\xi_i - 1} \cdot (m_i N)^{\xi_i} \cdot \Gamma(\xi_i + 1/2)}{\sqrt{\pi} \cdot \Gamma(\xi_i + 1)} (b\gamma_0)^{-\xi_i} + o(\gamma_0)^{-\xi_i} \tag{3.28}$$

其中，b 表示协作中继节点的信号发送所采用的调制方式，$b = 2$ 表示 BPSK 调制。

对比所提方案与无协作中继选择时的网络编码方案的性能后，可以得到所提方案的性能增益为

$$\text{Gain} = \begin{cases} \dfrac{\displaystyle\prod_{i=1}^{N} \dfrac{m_{i1}^{m_{i1}-1}}{\Gamma(m_{i1})} \cdot \Gamma(\xi_{i1}+1)}{(m_{i1}N)^{\xi_{i1}}}, & m_{i1} < m_{i2} \\[3em] \dfrac{\displaystyle\prod_{i=1}^{N} \dfrac{m_{i}^{m_{i}-1}}{\Gamma(m_{i})} \cdot \Gamma(\xi_{i}+1) \cdot 2^{N}}{(m_{i}N)^{\xi_{i}}}, & m_{i1} = m_{i2} = m_i \\[3em] \dfrac{\displaystyle\prod_{i=1}^{N} \dfrac{m_{i2}^{m_{i2}-1}}{\Gamma(m_{i2})} \cdot \Gamma(\xi_{i2}+1)}{(m_{i2}N)^{\xi_{i2}}}, & m_{i1} > m_{i2} \end{cases} \tag{3.29}$$

其中，$\xi_{i1} = \displaystyle\sum_{i=1}^{N} m_{i1}$；$\xi_{i2} = \displaystyle\sum_{i=1}^{N} m_{i2}$。

3.6　仿真与分析

为了验证本章所提方案的有效性和理论分析的正确性，本节将通过仿真实验进行验证。

图 3.2 对比了联合网络编码的协作中继选择方案在不同协作中继数目和不同的选择方案时的系统性能。从图中可以看到，随着协作中继数目的增加，用户端的误码率逐渐降低，这是由协作中继数目的增加带来的分集增益形成的；并且可以看到，最大化和速率的协作中继选择方案与其他选择方案相比性能最差，这是因为在多跳链路的通信中，误码率受限于较差链路的性能，而最大化和速率的选择方案会选择

其中一跳性能很好的链路而忽略了较差链路的性能。而且图 3.2 还证明了最大化较差链路的信噪比的协作中继选择方案和最小化较差用户的 BER 的协作中继选择方案有着几乎同样的 BER 性能，并且逼近于最优的选择方案。

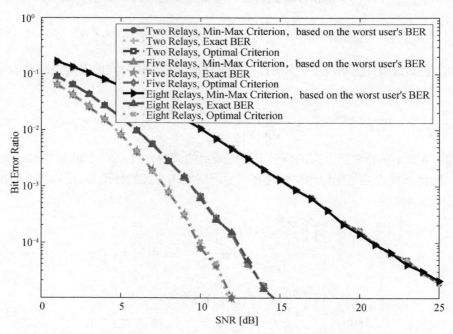

图 3.2　基于 Min-Max 方案与最优选择方案的用户误码率性能对比

从仿真结果图 3.3 可以看到用户 $u_j(j=1,2)$ 的平均误码率主要受限于误码率较差的用户，并且随着协作中继数目的增加，平均误码率逐渐降低，这是由协作中继数目增加带来的分集增益导致的，而阵列增益的增加只能将曲线平行推移。

图 3.4 验证了联合网络编码的协作中继选择方案理论分析的正确性。从图中可以看到，随着 Nakagami 信道参数 m_i 的增加，用户 $u_j(j=1,2)$ 的误码率逐渐降低，这是由于 Nakagami 信道参数 m_i 越大，表明端到端的直达链路对系统性能的影响就越大，而直达链路越好，用户的误码率就越低。同时，随着协作中继数目的增加，用户 $u_j(j=1,2)$ 的平均误码率也逐渐降低。图中还可以看到理论分析的用户的平均误码率的渐近性能。

图 3.5 仿真了无协作中继选择时的网络编码方案的性能。由于 Nakagami 信道参数 m_i 越小，端到端的直达链路对系统性能的影响就越不明显，因此从图中可以看到，当 m_i 较小时，用户的误码率性能较差。同时对比图 3.6 还可以看到，在同样信噪比的条件下，联合网络编码的协作中继选择方案相比无协作中继选择时的网络编码方案的性能增益大小。

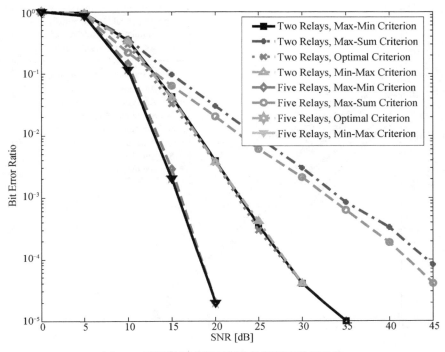

图 3.3　不同选择方案下用户的误码率性能对比

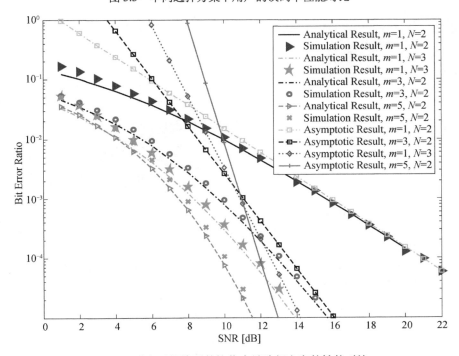

图 3.4　联合网络编码的协作中继选择方案的性能对比

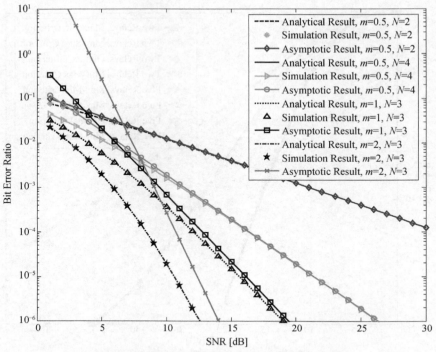

图 3.5　无协作中继选择时网络编码的性能对比

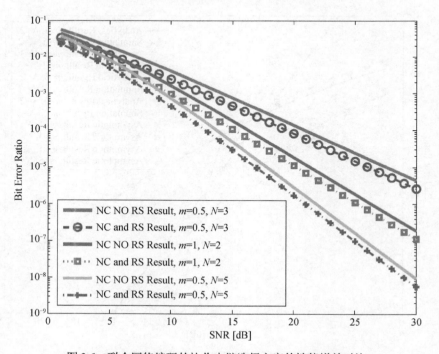

图 3.6　联合网络编码的协作中继选择方案的性能增益对比

3.7　小　　结

　　本章提出了 Nakagami 信道下联合网络编码的协作中继选择方案，并对该方案进行了理论分析，推导了 Nakagami 信道下该方案的中断概率和平均误码率性能，同时获得了信噪比较高时系统的中断概率和误码率的渐近性能。从推导的渐近性能表达式可以直观地看到所提方案在 Nakagami 信道参数 m_i 和协作中继数不同时带来的分集增益和阵列增益。为了进一步说明所提方案带来的性能增益，本章分析了无协作中继选择时网络编码的性能，推导了 Nakagami 信道下无协作中继选择时网络编码的中断概率和平均误码率，并得到了高信噪比时中断概率和平均误码率的渐近性能，从而得到了所提方案相比于无协作中继选择时的网络编码方案的性能增益。最后通过仿真验证了所提方案的有效性和理论分析的正确性。

第4章　联合 PHY 层和 MAC 层设计的 OBSS 干扰避免方案及其性能分析

4.1　概　　述

随着现代宽带通信产业的发展，信息获取的及时性和便利性显得尤为重要，而有限的频谱资源是信息获取速度的瓶颈，尤其是在 WLAN 高吞吐量的目标要求下，频带资源的高效利用是提高 WLAN 吞吐量和性能的一个有效方法。而 WLAN 产业作为当前的一个发展热点受到越来越多的重视，VHT WLANs 作为新一代 Wi-Fi 正在受到广泛关注。而作为 VHT WLANs 之一的 IEEE 802.11ac 标准自 2008 年上半年起，IEEE 就启动了 WLAN 新标准的制定工作，它的目标是使 Wi-Fi 的传输速度达到 1Gbit/s 以上，为此成立了一个专门的工作组（Task Group ac），项目名称为 VHT，也就是 Very High Throughput（超高吞吐量）。IEEE 802.11ac 被称为第五代 Wi-Fi 标准，正被国内外广泛研究，IEEE 802.11ac 是在 IEEE 802.11a Wi-Fi 标准之上发展起来的，包括使用 IEEE 802.11a 的 5GHz 频段，不过在通道的设置上，IEEE 802.11ac 将沿用 IEEE 802.11n 的 MIMO 通信技术，并推广到 MU-MIMO 通信技术，为它的传输速率达到 1Gbit/s 打下基础。IEEE 802.11ac 每个通道的带宽将由 IEEE 802.11n 的最大 40MHz，提升到 80MHz 甚至是 160MHz，再加上大约 10% 的实际频率调制效率提升，最终理论传输速度将由 IEEE 802.11n 最高的 600Mbit/s 跃升至 1Gbit/s 以上。IEEE 802.11ac 草案标准规定 MU-MIMO 采用 MIMO-OFDM 模式，工作于 5GHz 频段，基本带宽为 40MHz，必选带宽为 80MHz，可选带宽为 160MHz 和（80+80）MHz[129]。然而，有限的许可频带使 WLAN 系统能同时时分支持的 160MHz 信道最多只有两个，即使采用必选带宽 80MHz 发送，美国、欧洲等管制地区可同时时分支持的必选带宽信道最多也只有 5 个，如图 4.1 所示。在热点覆盖越来越多的今天，不同基本业务集（Basic Service Set，BSS）频带重叠的现象越来越严重，尤其在新协议 IEEE 802.11ac 中引入 MU-MIMO 后，在增强的分布式信道接入（Enhanced Distributed Channel Access，EDCA）机制下的 MU-MIMO 传输方案使有限的频谱资源显得更加紧张，频带重叠问题更严重。

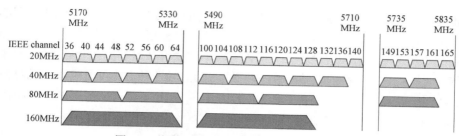

图 4.1　美国、欧洲等管制地区所用频带范围

在图 4.2 所示的交叠 OBSS 的场景中，处于 OBSS 中的站点 STA4 和 STA5 由于受到的干扰比较严重，在频谱有限的情况下，OBSS 处的站点竞争到信道的机会降低，服务质量变差， OBSS 中站点的 QoS 要求可能得不到满足，这是一个亟待解决的问题。本章方案的提出可以基本解决上述场景下 OBSS 站点的强干扰问题。

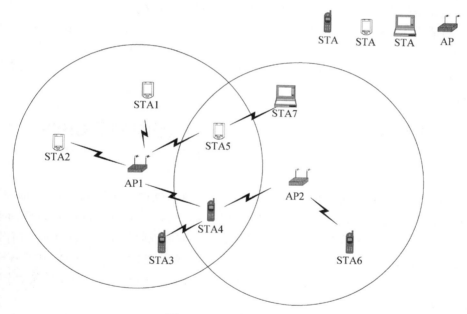

图 4.2　OBSS 场景示意图

综上所述，可以从图 4.2 所示场景中得知，WLAN 运行时由于 OBSS 站点可以竞争到信道的机会降低，因此这些站点的 QoS 要求难以满足，不能被更好地服务，这会降低系统的吞吐量，有碍 WLAN 更进一步的发展。本章在 IEEE 802.11ac 草案基础上，针对 WLAN OBSS 站点在新型的 MU-MIMO 传输机制下的干扰问题提出了几种解决方案。第一种是基于站点信道相关性的分组方法，该方法可以缓解 OBSS 站点的干扰问题，这是由于实现 MU-MIMO 传输时，站点之间的信道相关性越弱，站点之间的干扰就越小，因此可通过分组使各站点信道之间相互正交或近

似正交来达到减小 OBSS 站点的干扰强度的目的。第二种方案是针对需满足 QoS 要求的 OBSS 站点，在现有协议基础上提出了一种波束方向约束的干扰避免方案，使系统"和速率"有较大的提升，所提方案不仅能够基本解决 OBSS 站点的强干扰问题，而且只需较小的帧结构修改，容易实现。第三种方案则是利用干扰对齐技术，在假定站点可以同时关联多个 AP 的场景下，对比了采用干扰对齐方案和传统方案时对 OBSS 站点性能的影响。

有关 WLAN IEEE 802.11 系列新技术研究的论文已经较多。Bianchi[130]最早对 IEEE 802.11 的机制分布协调功能(DCF)进行了性能分析，利用二维马尔可夫链描述了用户接入机制 CSMA，并且分析了其吞吐量性能。Nguyen 等在假定所有 BSS 使用同一个频带作为主信道的情况下对密集的 IEEE 802.11 网络下的场景进行了性能分析，并得到密集网络下最优的 AP 数目[131]。程远等研究了差错信道下 WLAN 增强分布协调功能(EDCF) 的接入延时性能[132]，利用马尔可夫模型的分析结果，提出了差错信道下针对不同优先级业务的接入延时分析模型。

目前为止，基于 VHT WLAN 的标准协议并针对 OBSS 干扰问题的解决方案尚无研究，本章针对新一代 Wi-Fi 所亟待解决的 OBSS 场景的干扰问题提出了两种解决方案，本章方案的提出使 OBSS 处的站点 QoS 要求得以满足，并且只需较小的帧结构修改，易于实现。

4.2　VHT WLANs MU-MIMO 传输机制下 OBSS 干扰问题的形成

本节分析 VHT WLANs MU-MIMO 传输机制下 OBSS 干扰问题的形成原因，并给出本书的系统模型。下面介绍 VHT WLANs 协议中 MU-MIMO 传输的基本流程，并从该流程中分析 OBSS 问题的严重程度。需要说明的是，MU-MIMO/MISO 信道主要分为上行多址接入信道(MAC)和下行广播信道(BC)两个方面。由于 VHT WLANs 标准不采纳上行多用户的方案，所以其 MU-MIMO 的研究主要是关于下行多用户发送方面的研究。

VHT WLANs 的 MU-MIMO 基本实现流程如下。

(1)用户站点STAs通过扫描(分为主动扫描和被动扫描)得到信道列表(Channel List)以决定加入哪个基本服务区 (Basic Service Set，BSS)。

(2)用户站点 STAs 需要通过加入 BSS 的身份认证。

(3)用户站点 STAs 认证成功后和接入站点 AP 建立关联(若认证或关联不成功需重认证或重关联帧操作)，AP 根据 STAs 的信息(位置、业务类型等参数)进行分组(Group)，每个站点处于哪个 Group 会有 Group ID 指示，如图 4.3 所示。

(4)接入站点AP通过空数据包通告帧(Null Data Packet Announcement，NDPA)

来通知 STAs 反馈所需的等效信道状态信息(Channel State Information，CSI)。

B0 B1	B2	B3	B4　　　B9	B10　　　B21	B22	B23
BW	Reserved	STBC	Group ID	Nsts	No TXOP PS	Reserved

图 4.3　SIG-A 帧结构

(5)用户站点 STAs 通过空数据包帧 (Null Data Packet，NDP) 反馈多用户信道状态信息，由于所需的 CSI 反馈量比较大，因此其反馈会需要 Sounding Poll 帧的轮询操作。

(6)AP 竞争到信道后，对其中一个 Group 进行 MU-MIMO 传输的第一步——TXOP 的初始化(即对 Group 中的 STAs 发送 RTS 帧或短数据帧进行轮询)。

(7)TXOP 初始化成功后，AP 可以在其接入类别所限的时长内实现 MU-MIMO 传输，包括 MU-MIMO 预编码等，这时不是其服务对象的 STAs 可以进入 Power Saving 状态(省电模式以节省电量)。

(8)若数据发完后仍有时长剩余，AP 可通过 CF-END 帧对 TXOP 剩余时长进行清除，其他 STAs 等待 DIFS 时长后可以重新开始竞争信道。

在图 4.3 的 SIG-A 帧结构中，B4～B9 用 6 bit 标示 Group ID，分组号可以到 63 个。分为一个 Group 的用户具有相同的 Group ID 号，而且一个 Group 可以有多于 4 个的用户数，因此实现该 Group 的 MU-MIMO 时有对用户进行选择的需要。需要说明的是，Group ID 的 6bit 中，全 0 是指上行单用户操作，全 1 是指下行单用户操作。

上述实现流程中的 TXOP 是自 IEEE 802.11n 标准开始引入的概念，指的是当一个 AP 站点竞争到一个信道接入机会后可以在一定时长内(具体多长时间基于其接入类别)给一个用户连续传输多个数据帧，IEEE 802.11ac 同样沿用了 TXOP 的机制并且在 TXOP 内实现 MU-MIMO 操作，IEEE 802.11ac 草案 draft 2.0 将这种多用户 TXOP 的机制定义为 TXOP sharing。

TXOP sharing 机制的引入使 OBSS 站点更难以满足其 QoS 要求，这是因为 WLAN 自 IEEE 802.11ac 之前都是基于单用户的模式进行数据的传输，而 IEEE 802.11ac 引入了多用户并且将最大可用发送带宽提高至 160MHz，这使如上述基本流程的第四步开始，不同 BSS 之间信息的交互更加频繁，信道的占用强度更高，从而使 OBSS 站点被干扰的机会增加，不仅 OBSS 站点抢到信道的机会降低，而且被服务时被发送 RTS(或短数据帧)进行 TXOP 初始化成功的概率也会降低，这是急需解决的问题。而本章方案的提出给出了这一问题的解答。下面介绍本章研究的系统模型。

4.3 VHT WLANs MU-MIMO 传输机制下 OBSS 的数学模型

新一代无线局域网 VHT WLANs 标准规定了工作频带在 5GHz 上，发送基本带宽是 40MHz，必选 80MHz，可选 160MHz。考虑 BSS 中 AP 到用户的 MU-MIMO 下行链路系统，每个 BSS 的用户数为 K，AP 配置 N_t 根天线，每个用户配置 N_r 根天线。s_k $(k = 1, \cdots, K)$ 是每个用户 $m \times 1$ 维的发射信号向量，$W_k (k = 1, \cdots, K)$ 是 $N_t \times m$ 维发射波束形成的矩阵，对 s_k 和 W_k 分别进行归一化约束：$E\left\{ s_k s_k^H \right\} = \dfrac{1}{m} I$，$\mathrm{tr}(W_k^H W_k) = m$。假设发射信号经过 $N_r \times N_t$ 维准静态平坦瑞利衰落信道 H_i，信道矩阵元素间是独立同分布的，且服从均值为 0、方差为 1 的复高斯随机分布，则第 i 个用户的等效基带接收信号可以表示为

$$y_i = H_i W_i s_i + H_i \sum_{k \neq i}^{K} W_k s_k + z_i \tag{4.1}$$

其中，z_i 为 $N_r \times 1$ 维噪声向量，其元素由独立同分布的高斯随机变量 $CN(0, \sigma^2)$ 组成（CN 是循环对称复高斯的简写）。

目前为止，WLAN 传统的 OBSS 站点干扰问题的解决方案主要有两种：第一种是相邻 BSS 使用正交的频率资源；第二种是用 RTS/CTS 退避机制实现时分干扰避免。然而，随着 WLAN 的快速发展，会出现没有足够的频谱资源来实现 OBSS 时分干扰避免的局面，而且时分的干扰避免方式无法满足实时业务的 QoS 要求。下面针对 OBSS 的场景给出几种干扰解决方案。

4.4 OBSS 的干扰解决方案

4.4.1 基于站点信道相关性的分组方案

由于 OBSS 站点受到的干扰强度较大，因此如何有效缓解这些站点的干扰也是满足这些站点 QoS 要求的一个较好方法。本节提出 IEEE 802.11ac 实现 MU-MIMO 基于站点信道相关性分组的方案来缓解 OBSS 站点的干扰问题。这是因为预编码技术虽然可以消除多用户间的干扰，使接收端 STA 得到有用信号，但当实现 MU-MIMO 站点之间的空间相关性较强时，收到的有用信号的功率就比较低，性能便会下降。因此可以根据信道的空间相关性进行分组，选择信道的子空间正交或近似正交的 STAs 组成 Group 来实现 MU-MIMO，从而可以降低 OBSS 站点的干扰强度。

如何进行分组是目前亟待解决的问题。下面给出本节基于信道相关性的分组

步骤。

（1）随机选择一个 STA，放入 Group 中，作为组中的第一个用户，如 Group1。

（2）从剩余的 STA 中选择与其相关性最小的 STA 加入 Group。

（3）继续从剩余的 STA 中选取与 Group 中所有 STA 相关性最小的 STA 加入分组，直到 Group 的 STA 数达到 4 个。

（4）随机选择一个不在已完成的所有分组中的 STA 作为新分组中的第一个用户，并重复第（2）和第（3）步。

（5）重复第（4）步，直至所有的用户都处于至少一个 Group 中。

基于以上步骤获得的 Group 进行 MU-MIMO 传输，从后面的仿真结果中可以看到，该方案与随机分组相比能获得更低的 BER 性能。

4.4.2　联合 PHY 层和 MAC 的波束方向干扰避免方案

本章方案 1（即基于站点信道相关性的分组方案）只能达到缓解 OBSS 站点干扰强度的目的，有没有一种方案可以消除 OBSS 站点的干扰呢？这是本节所要解决的问题，针对需满足 QoS 要求的 OBSS 站点，本节在现有协议的基础上提出了一种基于波束方向约束的干扰避免方案，步骤如下。

步骤 1：OBSS 的 STA 在竞争或分配到信道资源后除了要求相邻站点设置网络分配矢量（Network Allocation Vector，NAV）以外，同时向干扰 AP 发送需避免波束的信息，以部分释放干扰 AP 在 NAV 保护时段内的信道使用权。

步骤 2：干扰 AP 在该 NAV 保护时段内可在需避免的波束方向以外向其关联用户发送数据，以解决实时业务用户的 QoS 要求。其中联合 PHY 层和 MAC 层的 OBSS 波束方向干扰避免方案的示意图如图 4.4 所示。

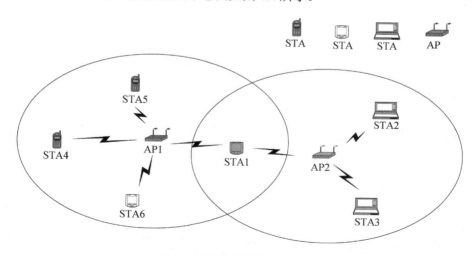

图 4.4　OBSS 干扰避免示意图

步骤 1 有两种实现方法。第一种方法描述如下。

(1)定义 Enhanced RTS 和 Enhanced CTS，在传统 RTS 和 CTS 帧内加入干扰 AP 的地址信息及对应的需避免的波束信息(可简单用一个量化的方向角表示)。

(2)OBSS 用户使用 Enhanced RTS 和 Enhanced CTS，非 OBSS 用户使用普通 RTS 和 CTS。

(3)NAV 保护时段内，干扰 AP 在优化 MU-MIMO 发送模式时，将需避免的波束方向视为额外的约束条件。

第二种方法描述如下。

(1)利用 CTS 帧结构中的 more data 比特位，通常情况下，该比特位是无用的，在已知是 OBSS 处站点时需要检测该比特位，若为 0 则表示无更多数据，若为 1 则表示后面有另外帧发送(即本方案所命名为 CIF(CTS Interference_Avoid Frame)帧)。

(2)干扰 AP 在收到 CIF 帧后，该帧包含了可避免站点 STA 的干扰波束方向角，所以干扰 AP 在数据发送时可避开该波束方向。

(3)NAV 保护时段内，干扰 AP 在优化 MU-MIMO 发送模式时，将需避免的波束方向视为额外的约束条件。

其中，具体的帧结构改变方案如下。CTS 帧结构如图 4.5 所示。由于 AP1 给 STA1 发送 RTS 帧，STA1 需要响应给 AP1 CTS 帧，然而 STA1 所处的位置使 AP2 也可以收到该 CTS 帧，通常 CTS 帧中的 more data 比特位是无用的，而此时要利用它，目的是让 AP2 收到该 CTS 帧后再接收一个 CIF 帧，因此 AP2 在收到该 CTS 帧后一个时间内再接收一个 CIF 帧来获得 OBSS 站点的干扰波束方向，具体流程如图 4.6 所示。

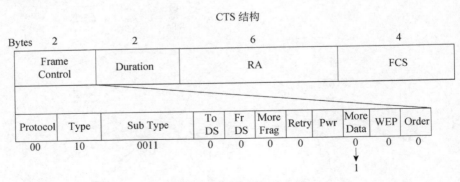

图 4.5　CTS 帧结构修改

然而，实际场景中站点并非固定不动的，如果 OBSS 处的站点在一段时间内移动了，那么它的位置信息可以通过自身对 Beacon 帧的检测获得，因此，AP 在一定的时长内通过对站点反馈的信道列表的收集来获得 OBSS 站点的位置信息。

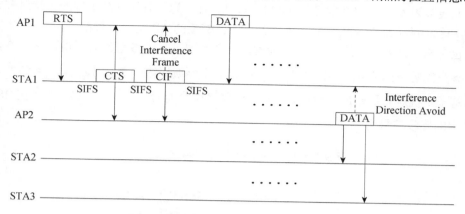

图 4.6　OBSS 空分干扰避免流程示意图

4.4.3　基于 BSS 之间协作的干扰对准技术

前两种方案是基于目前的 IEEE 802.11 协议提出的，现有协议不支持两个 BSS 的协作传输，但是未来的无线局域网不同 BSS 之间的协作也将是一个发展趋势，如果 BSS 之间可以协作，那么 OBSS 站点的干扰问题可以通过干扰对齐的方法解决。

因为如果一个站点可以关联两个或者多个 AP 为它们服务，则站点可以基于训练序列和导频获得两个或多个 AP 到该站点的信道状态信息，那么 OBSS 下行链路的干扰问题可以通过干扰对齐的方案得以解决。在此首先讨论两个 BSS 的场景，如图 4.7 所示。

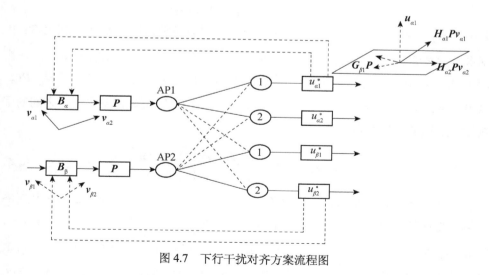

图 4.7　下行干扰对齐方案流程图

假定两个 BSS 为 α 和 β，每个 BSS 站点数为 K，AP 端的天线数为 N_t，站点的天线数为 N_r，各 AP 发送的流数为 $m = N_t - 1$。为了方便理解下行的干扰对齐方案，这里假定 $K=2$，$N_t = 3$，$N_r = 3$，每个 BSS 的 AP 发送流数都为 $m = 2$。本方案包含两级预编码矩阵，以 AP1 为例，一个是 $N_t \times m$ 的参考预编码矩阵 P，在前述参数配置下的 $P = [1, -1, 0; 0\, 1, -1]^T$；第二个预编码矩阵 $B_\alpha = [v_{\alpha 1}, v_{\alpha 2}] \in C^{2 \times 2}$，将基于干扰对齐原则进行设计。假设 AP1 发送两个符号 $(x_{\alpha 1}, x_{\alpha 2})$，则用户 k 在 BSS α 中的接收信号为

$$y_{\alpha k} = H_{\alpha k} P B_{\alpha k} x + G_{\beta k} P \sum_{k=1}^{2} v_{\beta k} x_{\beta k} + z_{\alpha k}$$

$$= H_{\alpha k} P (v_{\alpha 1} x_{\alpha 1} + v_{\alpha 2} x_{\alpha 2}) + G_{\beta k} P \sum_{k=1}^{2} v_{\beta k} x_{\beta k} + z_{\alpha k} \tag{4.2}$$

其中，$H_{\alpha k} \in C^{3 \times 3}$ 是 AP1 到第 k 个用户的信道状态信息；$G_{\beta k} \in C^{3 \times 3}$ 是干扰 AP 到第 k 个用户的信道状态信息；$z_{\alpha k} \sim CN(0, I)$。对于用户 k，式(4.2)第二个等号右边的项除 $H_{\alpha k} P v_{\alpha k} x_{\alpha k}$ 外，其他都是干扰项或噪声项。

如图 4.7 所示，各 BSS 中都有两个用户，假设用户 k 利用导频等方法估计出 $G_{\beta k} P$，则通过设计满足 $u_{\alpha k}^H G_{\beta k} P = 0$ 的接收向量 $u_{\alpha k}$（$\|u_{\alpha i}\| = 1$），可以消除 BSS 间的干扰项，即式(4.2)第二个等号右边的第三项。由于 $G_{\beta k} P$ 是 3×2 的矩阵，那么满足 $u_{\alpha k}^H G_{\beta k} P = 0$ 的 $u_{\alpha k}$ 总是存在的。$u_{\alpha k}$ 用于用户 k 的信号接收后，将使 BSS 间的干扰为零，即输出结果为

$$\tilde{y}_{\alpha k} = u_{\alpha k}^* y_{\alpha k}$$

$$= u_{\alpha k}^* H_{\alpha k} P (v_{\alpha 1} x_{\alpha 1} + v_{\alpha 2} x_{\alpha 2}) + \tilde{z}_{\alpha k} \tag{4.3}$$

其中，$\tilde{z}_{\alpha k} = u_{\alpha k}^* z_{\alpha k} \sim CN(0, 1)$。下面设计干扰对齐预编码矩阵 B_α 来消除 BSS 内部多用户之间的干扰。假设 BSS α 中的用户 k 反馈等效信道 $u_{\alpha k}^* H_{\alpha k} P$ 给 AP1，则 AP1 可设计迫零干扰对齐预编码矩阵 B_α 使 BSS 内用户间干扰信号项 $H_{\alpha k} P v_{\alpha j}$（$k=1$，$j=2$ 或 $k=2$，$j=1$）对准干扰空间 $G_{\beta k} P$，从而消除 BSS 内部多用户之间的干扰项，显然 $B_\alpha^{[133\text{-}135]}$ 可设计为

$$B_\alpha := [v_{\alpha 1}, v_{\alpha 2}] = \begin{bmatrix} u_{\alpha 1}^* H_{\alpha 1} P \\ u_{\alpha 2}^* H_{\alpha 2} P \end{bmatrix}^{-1} \begin{bmatrix} \gamma_1 & 0 \\ 0 & \gamma_2 \end{bmatrix} \tag{4.4}$$

其中，γ_k 是各用户的功率归一化因子。以 BSS α 中的用户 1 为例，迫零干扰对齐预编码将使其接收信号中的用户间干扰项 $H_{\alpha 1} P v_{\alpha 2}$ 对准 BSS 间干扰的空间 $G_{\beta 1} P$，而 $u_{\alpha 1}^H G_{\beta 1} P = 0$，因此也有 $u_{\alpha 1}^H H_{\alpha 1} P v_{\alpha 2} = 0$，这使站点 1 可以通过接收矢量 $u_{\alpha 1}$ 既消除了用户间干扰，又解出自身的信号。干扰对齐方案将使系统能够获得更好的吞

吐量性能。

但是目前的协议机制尚不支持一个站点关联两个 AP，而且当 BSS 数增多时，上述简单的干扰对齐方法将难以实现，所以它只能作为一种可选的 OBSS 解决方案，并用于未来无线局域网解决 OBSS 干扰问题的一种预研。

4.5　方案 2（空间干扰避免）中发射预编码的优化设计

由于前面所述方案中，方案 1 基于分组的方案是算法方面的研究，本章第 6 节将给出其仿真验证，方案 3 的干扰对齐方案是作为未来无线局域网解决 OBSS 干扰问题的预研，暂不作为重点研究。本节针对方案 2 进行进一步的分析。若对用户 i 进行匹配滤波接收，用户接收后的输出信号向量可以表示为

$$\hat{s}_i = \frac{W_i^H H_i^H}{m\|H_i W_i\|_F^2} H_i W_i s_i$$
$$+ \frac{W_i^H H_i^H}{m\|H_i W_i\|_F^2}\left(H_i \sum_{k\neq i}^K W_k s_k + v_i\right) \tag{4.5}$$

为了有效分离用户信号的多路数据流，解码信号应该具有下面的数学形式：

$$\hat{s}_i = \alpha D_i s_i + \frac{W_i^H H_i^H}{m\|H_i W_i\|_F^2}\left(H_i \sum_{k\neq i}^K W_k s_k + v_i\right) \tag{4.6}$$

其中，D_i 是个对角矩阵，即接收端有约束条件：$W_i^H H_i^H H_i W_i = D_i$。接收机输出信干噪比为

$$\text{SINR}_i = \frac{\text{tr}\left([W_i^H H_i^H H_i W_i]^H [W_i^H H_i^H H_i W_i]\right)}{\sum_{k=1,k\neq i}^K \text{tr}\left([W_k^H H_k^H H_k W_i]^H [W_k^H H_k^H H_k W_i]\right) + \text{tr}\left(W_i^H H_i^H m\sigma^2 I H_i W_i\right)} \tag{4.7}$$

其中，$\sum_{k=1,k\neq i}^K \text{tr}\left([W_k^H H_k^H H_k W_i]^H [W_k^H H_k^H H_k W_i]\right)$ 为从用户 i 泄漏到其他所有用户的总功率。在接收机输出端，希望对于每个用户 i，信号功率远大于噪声功率；同时，也希望用户 i 的接收信号功率相对于泄漏到其他用户的功率尽可能大。从这个出发点，可以定义接收机输出端的信漏噪比为

$$\text{SLNR}_i = \frac{\text{tr}\left([W_i^H H_i^H H_i W_i]^H [W_i^H H_i^H H_i W_{ii}]\right)}{\sum_{k=1,k\neq i}^K \text{tr}\left([W_k^H H_k^H H_k W_i]^H [W_k^H H_k^H H_k W_i]\right) + \text{tr}\left(W_i^H H_i^H m\sigma^2 I H_i W_i\right)} \tag{4.8}$$

则本书提出以接收机输出信漏噪比最大为准则并加入避开 OBSS 站点所需波束方

向来选取发射预编码矩阵，从而获得更好的系统性能。

基于信漏噪比准则的 $N_t \times m$ 维最优发射预编码矩阵 W_i 选取的优化问题可以表示为

$$W_i^0 = \arg\max_{W_i \in C^{N \times m}} \frac{\mathrm{tr}\left(W_i^H H_i^H H_i W_i W_i^H H_i^H H_i W_i\right)}{\mathrm{tr}\left(W_i^H \left[F_i^H F_i + m\sigma^2 H_i^H H_i\right] W_i\right)}$$

$$\mathrm{s.t.} \; V_{\mathrm{OBSS}} \not\subset W_i, \mathrm{tr}(W_i^H W_i) = m, \qquad W_i^H H_i^H H_i W_i W_i^H H_i^H H_i W_i = D_i^2 \qquad (4.9)$$

其中，$F_i^H = \left[W_1^H H_1^H H_1, \cdots, W_{i-1}^H H_{i-1}^H H_{i-1}, W_{i+1}^H H_{i+1}^H H_{i+1}, \cdots, W_K^H H_K^H H_K\right]^H$。

由于 $H_i^H H_i W_i W_i^H H_i^H H_i$ 和 $F_i^H F_i + m\sigma^2 H_i^H H_i$ 均为 Hermitian 矩阵，并且 $F_i^H F_i + m\sigma^2 H_i^H H_i$ 正定，由广义特征空间的定义，可知存在 $N_t \times N_t$ 维的可逆阵 T_i，使

$$T_i^H H_i^H H_i W_i W_i^H H_i^H H_i T_i = \varXi_i$$
$$T_i^H \left[F_i^H F_i + m\sigma^2 H_i^H H_i\right] T_i = I \qquad (4.10)$$

其中，$\varXi_i$ 为对角元非负的 $N_t \times N_t$ 维的对角阵，这里假设对角元素按降序排列 $\lambda_1 \geqslant \lambda_2 \geqslant \cdots \geqslant \lambda_N \geqslant 0$。

矩阵 G_i 的行空间定义为正规矩阵束 $H_i^H H_i W_i W_i^H H_i^H H_i$，$F_i^H F_i + m\sigma^2 H_i^H H_i$ 的广义特征空间，$\{\lambda_i\}$ 为相应的正规矩阵束的广义特征值。若 OBSS 站点到非关联 AP 的信道为 H，则 OBSS 站点的零空间可以通过奇异值分解获得，即 $H = USV^H$，那么假定 $T_i = V \times G$。

设 $W_i = T_i X_i$，其中，X_i 为 $N_t \times N_t$ 维，因此最优发射预编码矩阵的优化目标可以简化为

$$\frac{\mathrm{tr}\left(\left[W_i^H H_i^H H_i W_i\right]^H \left[W_i^H H_i^H H_i W_i\right]\right)}{\mathrm{tr}\left(W_i^H \left[F_i^H F_i + m\sigma^2 H_i^H H_i\right] W_i\right)}$$
$$= \frac{\mathrm{tr}\left(X_i^H T_i^H H_i^H H_i W_i W_i^H H_i^H H_i T_i X_i\right)}{\mathrm{tr}\left(X_i^H T_i^H \left[F_i^H F_i + m\sigma^2 H_i^H H_i\right] T_i X_i\right)}$$
$$= \frac{\mathrm{tr}\left(X_i^H \varXi_i X_i\right)}{\mathrm{tr}\left(X_i^H | X_i\right)} \qquad (4.11)$$

对矩阵 X_i 进行奇异值分解可得 $X_i = U_i \begin{bmatrix} \sum_i \\ 0 \end{bmatrix} V_i^H$，$\sum_i$ 是对角元为 $\{\kappa_i\}$ 的 $m \times m$ 维对角阵。设 u_i 为酉矩阵 U_i 的列，U_i 的元素为 u_{ji}，并且 $0 \leqslant |u_{ji}|^2 \leqslant 1$，

$\sum_{j=1}^{N_t}\left|u_{ji}\right|^2=1$。从而：

$$\frac{\mathrm{tr}\left(X_i^{\mathrm{H}}\boldsymbol{\Xi}_iX_i\right)}{\mathrm{tr}\left(X_i^{\mathrm{H}}X_i\right)}=\frac{\mathrm{tr}\left(\begin{bmatrix}\boldsymbol{\Sigma}_i&0\end{bmatrix}U_i^{\mathrm{H}}\boldsymbol{\Xi}_iU_i\begin{bmatrix}\boldsymbol{\Sigma}_i\\0\end{bmatrix}\right)}{\sum_{i=1}^m\kappa_i^2}=\frac{\sum_{i=1}^m\kappa_i^2\left(\sum_{j=1}^{N_t}\lambda_i\left|u_{ji}\right|^2\right)}{\sum_{i=1}^m\kappa_i^2} \tag{4.12}$$

可以看到，当 $u_{ji}=0\left(j\neq i,j=1,2,\cdots,m\right)$ 时，式(4.12)可以获得最大化，即选择 $X_i=\begin{bmatrix}I_{m\times m}\\0\end{bmatrix}$。所以可知，当选择 $W_i=T_i\begin{bmatrix}I_{m\times m}\\0\end{bmatrix}$ 时，所优化的目标函数可以获得最大值。

而针对基于接收机输出信漏噪比的优化目标函数 W_i 的选取，采用多次迭代的方法获得。

(1)初始迭代。对于用户 1 而言，首先利用基于接收机信漏噪比的目标函数：

$$W_1^1=\mathop{\arg\max}_{W_1^1\in C^{N\times m}}\frac{\mathrm{tr}\left(W_1^{\mathrm{H}}H_1^{\mathrm{H}}H_1W_1\right)}{\mathrm{tr}\left(W_1^{\mathrm{H}}\left[\mathcal{H}_1^{\mathrm{H}}\mathcal{H}_1+m\sigma^2I\right]W_1\right)} \tag{4.13}$$

其中，$\mathcal{H}_1=\left[H_1,\cdots,H_{i-1},H_{i+1},\cdots,H_K\right]^{\mathrm{H}}$。

(2)对于用户 2 而言，矩阵 W_2^1 可以表示为

$$W_2^1=\mathop{\arg\max}_{W_2^1\in C^{N\times m}}\frac{\mathrm{tr}\left(W_2^{\mathrm{H}}H_2^{\mathrm{H}}H_2W_2\right)}{\mathrm{tr}\left(W_2^{\mathrm{H}}\left[H_1^{\mathrm{H}}H_1W_1^1W_1^{1\mathrm{H}}H_1^{\mathrm{H}}H_1\right]\left[\sum_{j=3}^K H_j^{\mathrm{H}}H_j+m\sigma^2I\right]W_2\right)} \tag{4.14}$$

(3)类似用户 1 和用户 2，对于用户 i，有

$$W_i^1=\mathop{\arg\max}_{W_i^1\in C^{N\times m}}\frac{\mathrm{tr}\left(W_i^{\mathrm{H}}H_i^{\mathrm{H}}H_iW_i\right)}{\mathrm{tr}\left(W_i^{\mathrm{H}}\left[\sum_{j=1}^{i-1}H_j^{\mathrm{H}}H_jW_j^1W_j^{1\mathrm{H}}H_j^{\mathrm{H}}H_j\right]\left[\sum_{j=i+1}^K H_j^{\mathrm{H}}H_j+m\sigma^2I\right]W_j\right)} \tag{4.15}$$

(4)从初始迭代中可以获得一组预编码矩阵用于更新目标函数，进行下一次迭代，从而降低同信道干扰。第 l 次迭代的预编码矩阵可以表示为

$$W_i^l=\mathop{\arg\max}_{W_i^l\in C^{N\times m}}\frac{\mathrm{tr}\left(W_i^{(l)\mathrm{H}}H_i^{\mathrm{H}}H_iW_i^{(l-1)}W_i^{(l-1)\mathrm{H}}H_i^{\mathrm{H}}H_iW_i^{(l)}\right)}{\mathrm{tr}\left(W_i^{(l)\mathrm{H}}\left[\sum_{j=1,j\neq i}^{i-1}H_j^{\mathrm{H}}H_jW_j^{(l-1)}W_j^{(l-1)\mathrm{H}}H_j^{\mathrm{H}}H_j+m\sigma^2H_i^{\mathrm{H}}H_i\right]W_i\right)} \tag{4.16}$$

其中，W^{l-1} 是前一次迭代获得的预编码矩阵。

4.6　仿真结果与分析

本节对本章所提的干扰解决方案的性能进行仿真分析。首先对方案 1 缓解 OBSS 干扰问题的分组方案进行仿真，仿真参数如表 4.1 和表 4.2 所示。根据 IEEE 802.11ac 的 draft 2.0 可知一次 MU-MIMO 的实现中，其 Group 只能包含 4 个站点，在这种情况下，信道相关性最弱的 4 个站点较容易找到，并且这些站点的信道相关性越弱，实现 MU-MIMO 传输的效果就越好，从而能降低 OBSS 干扰对无线局域网性能的影响。

表 4.1　用户组多于 4 个用户时的信干噪比
选择门限和最终发送的可达速率(一)　　　　　　(单位：μs)

名称	Slot	SIFS	DIFS	PIFS	BA	BAR	RTS	CTS
时间	9	16	34	25	60	52	48	40

表 4.2　用户组多于 4 个用户时的信干噪比
选择门限和最终发送的可达速率(二)　　　　　　(单位：μs)

AC	CWmin	CWmax	AIFSN	TXOP limit
AC_BK	31	1023	7	0
AC_BE	31	1023	3	0
AC_VI	15	31	2	3008
AC_VO	7	15	2	1054
legacy	15	1023	2	0

图 4.8 给出了基于站点分组调度方案来缓解 OBSS 干扰的仿真结果，从图中可以看到所提方案采用 MU-MIMO 发送模式时与传统方案相比有着较大的性能增益，并且与穷举的结果比较接近，表明本章所提方案可以较好地缓解 OBSS 站点的强干扰问题，从而提高 VHT WLAN 的系统性能。需要说明的是本章所提的基于站点分组调度的方案尽管在和速率方面有着较大的提升，但是需要发送端 AP 存储多个用户的分组信息，每个用户所处的分组越多，则多用户 MIMO 的性能就越好，这是由于每个用户所处的分组数越多时，不同分组中多用户之间的干扰就越弱，这是用户处于不同分组中所带来的分集增益。

图 4.9 是对本章所提的波束方向约束的干扰避免方案的仿真结果。仿真中采用 2 个 BSS，4 个用户，AP 配置 5 根天线，每个用户配置 2 根天线。从图中可以看到，干扰避免的方案比传统方案的"和速率"性能有较大提升，并且随着发送端信噪比的增加，所提方案与无干扰的预编码方案有几乎相同的性能。

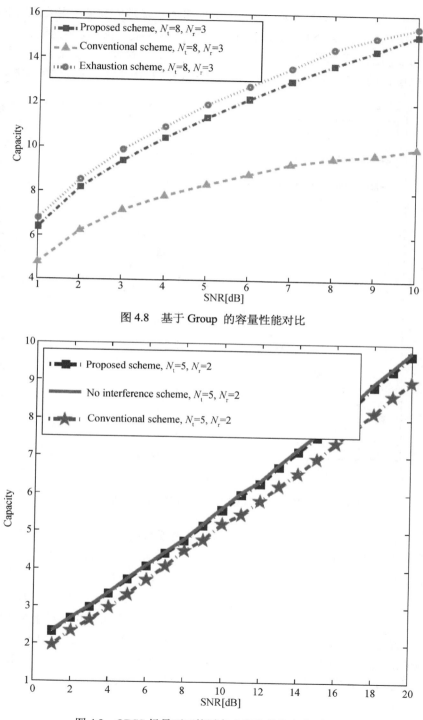

图 4.8　基于 Group 的容量性能对比

图 4.9　OBSS 场景下干扰避免方案和传统方案对比

图 4.10 是对本章所提的基于波束方向约束的干扰避免方案在相关信道下的仿真结果。仿真参数为 2 个 BSS，4 个用户，AP 配置 3 根天线，用户配置 2 根天线。从图中可以看到，干扰避免方案要比传统的"和速率"性能有较大的提升，并且随着发送信噪比的增加，所提方案与无干扰的预编码方案有着几乎相同的性能。

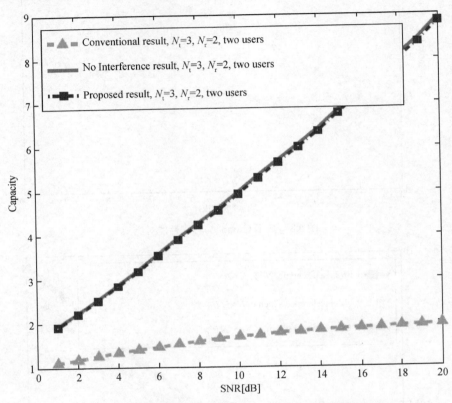

图 4.10　OBSS 场景相关信道下干扰避免方案和传统方案对比

图 4.11 给出了 OBSS 处站点获得 2 个 AP 到该站点的信道状态信息时进行干扰对齐所能带来的"和速率"增益，其中 AP 和 4 个站点均配置 4 根天线，AP 给每个用户只发送一个流，其中参考预编码矩阵 $\boldsymbol{P} = [1,0,1,0;0,1,0,1;-1,0,0,-1]^{\mathrm{T}}$。从图 4.11 中可以看到，在 2 个 BSS 的场景下，干扰对齐有较优越的性能。不过对于多个 BSS 的情况，上述干扰对齐方法尚不能如此简便地实现，并且对比图 4.9 和图 4.10 可以看到，本章所提的基于波束方向约束的干扰避免方案 2（基于波束方向约束的干扰避免）与干扰对准有着几乎相同的性能，而方案 2 只需物理层和 MAC 层协作，易于在实际中实现。目前干扰对准方案只能作为未来无线局域网性能提升的预研工作。

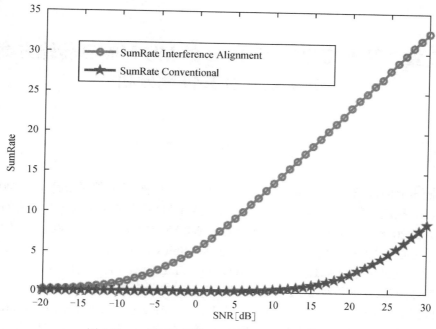

图 4.11　2 个 BSS 场景下干扰配准与传统方案对比

4.7　小　　结

　　本章在 VHT WLAN 的草案基础上，针对无线局域网 OBSS 站点的干扰问题提出了几种解决方案。第一种是基于站点的分组调度方案。该方案可以缓解 OBSS 站点的干扰问题。由于实现 MU-MIMO 时站点之间的信道相关性越弱，站点之间的干扰就越小，因此通过对 OBSS 站点所处不同分组的调度，使实现 MU-MIMO 的各站点的信道之间相互正交或近似正交，从而达到减小 OBSS 站点干扰强度的目的。从仿真结果可以看到，基于站点的分组调度方案与传统方案相比有较大的性能提升。第二种方案是针对需满足 QoS 要求的 OBSS 站点。本章在现有协议基础上提出了一种波束方向约束的干扰避免方案，从仿真结果可以看到，所提方案与传统方案相比，“和速率”有较大的提升，所提方案不仅能够基本解决 OBSS 站点的强干扰问题，而且与性能较好的干扰对准技术相比有着几乎相同的容量性能，本章所提方案只需较小的帧结构修改，易于实现。

第 5 章　基于 IEEE 802.11ac 的 MU-MIMO 传输方案的优化设计及其性能分析

5.1　概　　述

随着 Internet 的蓬勃发展,信息获取的及时性和便利性显得越来越重要,WLAN 的灵活、拓展、移动以及简便安装等特性使 WLAN 产业成为当前一个重要的发展热点。自 2008 年上半年起,IEEE 就启动了 WLAN 的新标准 IEEE 802.11ac 的制定工作,它的目标是使 Wi-Fi 的传输速度达到 1Gbit/s 以上,为此成立了一个专门的工作组,项目名称为 VHT,也就是 Very High Througput(超高吞吐量)。

IEEE 802.11ac 是在 IEEE 802.11a Wi-Fi 标准之上发展起来的,包括使用 IEEE 802.11a 的 5GHz 频段。不过在通道的设置上,IEEE 802.11ac 将沿用 IEEE 802.11n 的 MIMO 通信技术,并推广到 MU-MIMO 通信技术,为它的传输速率达到 1Gbit/s 打下基础。IEEE 802.11ac 每个通道的带宽将由 IEEE 802.11n 的最大 40MHz,提升到 80MHz 甚至是 160MHz,再加上大约 10% 的实际频率调制效率提升,最终理论传输速度将由 IEEE 802.11n 最高的 600Mbit/s 跃升至 1Gbit/s 以上。当然,实际传输速率可能为 300~400Mbit/s,接近目前 IEEE 802.11n 实际传输速率的 3 倍(目前 IEEE 802.11n 无线路由器的实际传输速率为 75~150Mbit/s),足以在一条信道上同时传输多路压缩视频流。

多天线通信技术中的 MIMO 预编码和多入单出(MISO)发送波束形成可以充分利用系统的空间复用和阵列增益以及空间分集增益,显著提高 MIMO 系统的性能。单用户的 MIMO/MISO 方案是将所有数据流发送给一个用户,而多用户的 MIMO/MISO 传输方案可以给不同用户分配数据流从而增加整个系统的容量,但它们都需要发射端已知 CSI 来进行优化的预编码或发射波束形成设计,消除各数据流或各用户之间的干扰,并通过功率分配获得最优的系统性能。多用户 MIMO/MISO 的研究主要包括上行多址接入(MAC)信道和下行广播(BC)信道的容量分析,空分多址方案及用户间干扰的消除或减少,有限反馈下的多用户 MIMO 方案,MIMO-OFDM 传输方案设计等方面。

IEEE 802.11n 首先在 WLAN 中完整引入了单用户 MIMO 通信技术,它的信道信息的反馈有两种方案,一种是 TDD 系统下基于信道互易性得到的信道状态信息,另一种是 FDD 系统下基于接收端的有限反馈而得到信道信息,具体说,就是对用户端等效信道矩阵 V(SVD 分解后)的有限反馈。IEEE 802.11ac 在其 2011 年的标准草案中进一步引入了 MU-MIMO 通信技术，而且带宽可以最大扩展到 160MHz，它也需要在 FDD 系统下对用户端等效信道矩阵 V 进行反馈。另外，由于 IEEE 802.11ac 的国际提案征集刚刚尘埃落定，有关 IEEE 802.11ac 传输方案的研究尚属空白阶段，因此迫切需要研究 IEEE 802.11ac 的 MIMO 传输方案，特别是多用户的 MIMO 传输方案的优化设计与系统性能分析。

有关 IEEE 802.11 系列在 WLAN 场景下的 MIMO 传输方案及性能分析的研究目前已有较多的进展。Bianchi 最早对 IEEE 802.11 的机制 DCF 进行了性能分析，利用二维马尔可夫链描述了用户接入机制 CSMA，并且分析了其吞吐量性能[130]。Gong 等研究了 CSMA/CA 的 WLAN MAC 协议下的 MU-MIMO 传输方法[136]，然而该研究的多种处理方案和目前 IEEE 802.11ac 标准的多用户方案并不吻合，因此不能得到实际应用，例如，它是挑选竞争到信道的多个用户而进行的多用户传输，而 IEEE 802.11ac 标准的多用户实现是基于 4 种接入类别，即语音（Voice）、视频（Video）、尽最大努力（Best Effort）和背景（Background）接入来竞争信道，而且多用户传输之前需要对不同用户进行分组。Choi 和 Kartsakli 等在 IEEE802.11n 的基础上研究了多用户的性能，而其中多用户预编码的实现采用随机波束形成，这与实际应用较不相符，并且也无法与当前的 IEEE802.11ac 标准相匹配[137,138]。

目前还没有文献完全基于 IEEE 802.11ac 标准协议的规定而对其多用户 MIMO 传输方案进行研究。因此本章在 IEEE 802.11ac draft 2.0 标准草案的基础上对其 MU-MIMO 传输机制进行了深入研究，提出了几点改进的优化设计方案，并完成了相应的系统性能分析。所提出的改进方案包括：第一，针对多用户预编码要求的信道信息比较精确的特点提出在其 TXOP 初始化后用块确认（BA）帧对信噪比进行反馈来提高多用户预编码的性能，并基于该反馈信息，采用"和速率"最大化准则进行了功率分配的优化设计；第二，针对 MIMO 多用户分组后通信需要进行 RTS 轮询的机制，规定 AP 需要先对主 AC 用户进行轮询以提高 TXOP 初始化成功的概率；第三，由于 MIMO 多用户分组后，一个用户组有多个主 AC 用户，如果只对第一个主 AC 用户轮询失败后就放弃该 TXOP 初始化，则对第二个主 AC 用户不公平，因此提出在多个主 AC 用户存在时 AP 需要对第二个主 AC 用户轮询后再决定是否放弃该 TXOP。仿真结果表明，改进的传输方案在 BER 和吞吐量方面获得明显的性能增益，且针对性能的理论分析与仿真结果相吻合。

5.2　IEEE 802.11ac 中的 MU-MIMO 传输机制

MIMO/MISO 的多用户发送方案可以给不同用户分配数据流从而增加整个系统的容量。多用户 MIMO/MISO 信道主要分为上行多址接入信道和下行广播信道两个方面。由于 IEEE 802.11ac 标准不采用上行多用户的方案，所以其 MU-MIMO

的研究主要关于下行多用户发送方面的研究，多用户传输的前提是发送端需要获得所需的信道状态信息，若 AP 已知 CSI，用户间的干扰可以通过发送端的预编码来减小或者消除。MU-MIMO 预编码主要包括两类：一类是线性预编码方法，如迫零、MMSE 预编码方案等；另一类是非线性预编码方法，如 DPC 预编码等。虽然 DPC 等非线性预编码方案在理论上有更好的性能改善，但是在 IEEE 802.11ac 的实际应用场景下，信道信息的误差会严重影响其性能的提升，另外，它在实现方面更难以求解，包括一些目标函数和约束条件下的优化求解，例如，最大化加权"和速率"目标函数下的功率分配问题，非线性预编码方案很难得到解析解，然而线性预编码的方案可以获得最优解，因此这里将研究 IEEE 802.11ac 中的 MU-MIMO 线性预编码。

IEEE 802.11ac 的 MU-MIMO 基本实现流程如下。

（1）用户站点 STAs 通过扫描（分为主动扫描和被动扫描）得到信道列表以决定加入哪个 BSS。

（2）用户站点 STAs 需要通过加入 BSS 的身份认证。

（3）用户站点 STAs 认证成功后和接入站点 AP 建立关联（若认证或关联不成功需重认证或重关联帧操作），AP 根据 STAs 的信息（位置、业务类型等参数）进行分组，如图 5.1 所示。

B0 B1	B2	B3	B4　　B9	B10　　B21	B22	B23
BW	Reserved	STBC	Group ID	Nsts	No TXOP PS	Reserved

图 5.1　SIG-A 帧结构

（4）接入站点 AP 通过空数据包通告帧 NDPA（帧结构如图 5.2 所示）来通知 STAs 反馈所需的等效信道状态信息。

Frame Control	Duration	RA	TA	Sounding Sequence	STA Info 1	...	STA Info n	FCS
Octets:2	2	6	6	1	2		2	4

图 5.2　NDPA 帧结构

（5）用户站点 STAs 通过空数据包帧 NDP（帧结构如图 5.3 所示）反馈多用户信道状态信息。

L-STF	L-LTF	L-SIG	VHT-SIG-A	VHT-STF	VHT-LTF	VHT-SIG-B

图 5.3　NDP 帧结构

（6）接入站点 AP 竞争到信道后，对其中一个 Group 进行 MU-MIMO 操作的第一步——TXOP 的初始化（即对 Group 中的 STAs 发送 RTS 或短数据帧进行轮询）。

(7) TXOP 初始化成功后, AP 可以在其业务类型所限的时长内实现 MU-MIMO 传输, 包括 MU-MIMO 预编码等, 而不是其服务对象的 STAs 可以进入 Power Saving 状态(省电模式以节省电量)。

(8) 若数据发完后仍有时长剩余, AP 可通过 CF-END 帧对 TXOP 剩余时长进行清除, 其他 STAs 等待 DIFS 时长后可以开始竞争信道。

需要说明的是 IEEE 802.11ac 标准规定在 MU-MIMO 传输时, 多用户多个流的传输场景下每个用户的多个流只能使用一个编码调制方式(MCS)。

在图 5.1 的 SIG-A 帧结构中, B4~B96bit 标示 Group ID, 分组号可以达到 63 个。分为一个 Group 的用户具有相同的 Group ID 号, 而且一个 Group 可以有多于 4 个的用户数, 因此若实现该 Group 用户 MU-MIMO 时有对用户进行选择的需要。

上述 MU-MIMO 实现流程中的 NDPA 是空数据包通告帧, 其作用就是对需要反馈信道信息的用户进行通告, 每个被通告用户地址信息放置在 STA Info 1~ STA Info n 中, 紧跟其后的是 NDP 帧, 如图 5.3 所示。

NDP 帧中包含了 legacy 的短训练字段(L-STF)和长训练字段(L-LTF), 分别用于分组开始的检测、自动增益控制(AGC)设置、信道估计以及更精确的频偏估计和时间同步; 其中 VHT-STF 和 VHT-LTF 是 VHT 格式的短训练字段和长训练字段, 作用和 legacy 相同, 不过是用于超高吞吐量模式下。

上述实现流程中的 TXOP 是自 IEEE 802.11n 标准开始引入的概念, 指的是当一个 AP 站点竞争到一个信道接入机会后可以在一定时长内(具体多长时间基于其接入类别)给一个用户连续传输多个数据帧, IEEE 802.11ac 同样沿用了 TXOP 的机制并且在 TXOP 内实现 MU-MIMO 操作, IEEE 802.11ac draft 1.4 将这种多用户 TXOP 的机制定义为 TXOP sharing。

总之 IEEE 802.11ac 中的 MU-MIMO 传输机制是将 IEEE 802.11n 的单用户 TXOP 的机制扩展为多用户的 TXOP sharing, 而 MU-MIMO 传输的实现中需要考虑多方面的因素使系统吞吐量最大化, 例如, 用户的选择和调度, 信道信息的精确与否, 预编码方案以及发送端对不同用户的功率分配等方面。下面针对所需考虑的这些问题进行优化设计以使系统吞吐量最大化。

5.3　改进的 IEEE 802.11ac MU-MIMO 传输方案

5.3.1　多用户预编码方案的改进和最优功率分配

因为多用户预编码的实现需要发送端已知精确的信道状态信息, 然而, 遵循现有 IEEE802.11ac 标准草案 draft 2.0 的背景下, 发送端 AP 准备给多用户发送数据时并不能获知各用户信道是否有所波动。针对这种情况, 本节提出利用物理层 TXOP 时长内信干噪比的反馈对现有的多用户预编码方案进行改进, 即发送端通过信干噪比的反馈来调整多用户预编码的实现。尤其是在一个 TXOP 期间，次 AC 用户（相对于该 TXOP 期间抢到信道的接入类别的其他用户）数据发完后，剩下的 TXOP 时间可以通过调整加入新的用户来使系统容量最大化。由于此时新加入用户的信道状态信息是之前反馈的，此时多用户预编码精确与否，AP 是未知的，所以可以在 TXOP 初始化的第一帧后，STAs 回复块确认 BA 帧时反馈信干噪比信息来调整编码调制方式和确定是否需要信道信息的重新反馈，然后进行 MU-MIMO 传输。

因此这里提出在 TXOP 开始的第一帧时，用户对所收到的信号进行处理，然后通过反馈所设计的块确认 BA 帧将所需的信干噪比和真实的信干噪比反馈给 AP，AP 通过均衡处理来调整发射功率。由于不同用户的 AC 不同，因此可以对不同用户和容量进行加权，从而可对不同 AC 的用户容量进行最优分配。如前所述，由于非线性 MU-MIMO 预编码无法求得最优解，因此本节选择线性 MU-MIMO 预编码进行物理层的最优设计。后面将提出改进的 MAC 调度方案来进一步提升其 MU-MIMO 传输性能。

注意 IEEE 802.11ac 标准规定了其 MU-MIMO 传输是采用 MIMO-OFDM 模式，并工作于 5GHz 频段，基本带宽为 40MHz，必选带宽为 80MHz，可选带宽为 160MHz 或（80+80）MHz。IEEE 802.11ac 的带宽示意图如图 5.4 所示。

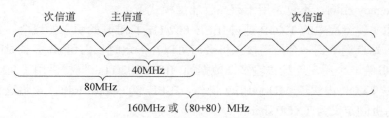

图 5.4　IEEE 802.11ac 工作带宽示意图

下面介绍针对线性 MU-MIMO 预编码方案下的系统模型。设 $X(t)$ 是进行 MU-MIMO 传输时的发送信号向量，$Y_k(t)$ 是第 k 个用户的接收信号，则 $Y_k(t)$ 可表示为

$$Y_k(t) = H_k(t) * X(t) + Z_k(t) \tag{5.1}$$

其中，$Z_k(t)$ 是零均值单位方差的加性复高斯噪声，且 $E\left\{\|Z_k(t)\|^2\right\} = \sigma^2$。

由于用户反馈自身信道的 V 矩阵，因此对第 k 个用户经过预编码后的用户端信干噪比为

$$\mathrm{SINR}_k = \frac{\|H_k W\|^2}{\sum\limits_{j \neq k, j=1}^{K} H_j W + \sigma^2} \tag{5.2}$$

其中，$\boldsymbol{W}$ 是 AP 端的预编码矩阵。如果采用迫零预编码 $\boldsymbol{W} = \boldsymbol{V}(\boldsymbol{V}^{\mathrm{T}}\boldsymbol{V})^{-1}$，那么 SINR_k 可写为

$$\mathrm{SINR}_k = \frac{\|\boldsymbol{H}_k \boldsymbol{W}\|^2}{\sigma^2} \tag{5.3}$$

为了使 MU-MIMO 线性预编码的吞吐量最大化，并进行最优的功率分配，可以采用基于业务类型 QoS 要求的 Goodput 作为将要最大化的目标函数。由于用户业务类型分为四类：Voice 用户、Vedio 用户、Best Effort 用户和 Background 用户，不同用户有相应的 QoS 要求，因此最后可构成 IEEE 802.11ac 场景下的优化目标函数和约束条件为

$$
\begin{aligned}
f : \max \Big\{ &\alpha_1 \log\left(1 + \rho_1 \mathrm{SNR}_1\right)\left(1 - \mathrm{Per}_1\right) + \\
&\alpha_2 \log\left(1 + \rho_2 \mathrm{SNR}_2\right)\left(1 - \mathrm{Per}_2\right) + \\
&\alpha_3 \log\left(1 + \rho_3 \mathrm{SNR}_3\right)\left(1 - \mathrm{Per}_3\right) + \\
&\alpha_4 \log\left(1 + \rho_4 \mathrm{SNR}_4\right)\left(1 - \mathrm{Per}_4\right) \Big\} \\
\mathrm{s.t} \quad &\rho_1 \mathrm{SNR}_1 \geqslant t_1 \\
&\rho_2 \mathrm{SNR}_2 \geqslant t_2 \\
&\rho_3 \mathrm{SNR}_3 \geqslant t_3 \\
&\rho_4 \mathrm{SNR}_4 \geqslant t_4 \\
&\alpha_1 + \alpha_2 + \alpha_3 + \alpha_4 = 1 \\
&\rho_1 + \rho_2 + \rho_3 + \rho_4 = P
\end{aligned}
\tag{5.4}
$$

其中，α_1、α_2、α_3、α_4 是加权系数，最优加权可以为系统实现最大的"和速率"[139]；t_1、t_2、t_3、t_4 是不同用户对速率的 QoS 要求；ρ_1、ρ_2、ρ_3、ρ_4 是不同用户的功率分配系数，求解式(5.4)对 IEEE 802.11ac 用户实现加权"和速率"目标函数下的最优的功率分配。式(5.4)最优解的计算可以通过非线性规划获得。可借助 MATLAB 的 fmincon 函数求解，命令的基本格式和所含参数分别为

$$x = f\min\mathrm{con}(\text{'fun'}, \boldsymbol{X}_0, \boldsymbol{A}, \boldsymbol{b}, \mathrm{Aeq}, \mathrm{beq}, \mathrm{VLB}, \mathrm{VUB})$$

$$
\boldsymbol{X}_0 = \begin{bmatrix} 0.25 \\ 0.25 \\ 0.25 \\ 0.25 \\ 0.25 \times P \\ 0.25 \times P \\ 0.25 \times P \\ 0.25 \times P \end{bmatrix},
$$

$$
\mathrm{Aeq} = \begin{bmatrix} 1 & 1 & 1 & 1 & 0 & 0 & 0 & 0 \\ 0 & 0 & 0 & 0 & 1 & 1 & 1 & 1 \end{bmatrix}
$$

$$\mathrm{beq} = \begin{bmatrix} 1, & P \end{bmatrix}$$

$$\boldsymbol{b} = \begin{bmatrix} t_1, & t_2, & t_3, & t_4 \end{bmatrix}$$

$$
\boldsymbol{A} = \begin{bmatrix} 0 & 0 & 0 & 0 & 1 & 0 & 0 & 0 \\ 0 & 0 & 0 & 0 & 0 & 1 & 0 & 0 \\ 0 & 0 & 0 & 0 & 0 & 0 & 1 & 0 \\ 0 & 0 & 0 & 0 & 0 & 0 & 0 & 1 \end{bmatrix}
$$

$$VLB = [0, 0, 0, 0, 0, 0, 0, 0]$$
$$VUB = [1, 1, 1, 1, P, P, P, P]$$

通过计算即可获得式 (5.4) 的最优解。

式 (5.4) 中的 Per_1、Per_2、Per_3、Per_4 分别是四类用户的误包率，都可通过式 (5.5) 计算：

$$P_{per} = 1 - \left(1 - \beta_1 Q\left(\sqrt{\beta_2 \gamma}\right)\right)^2 \tag{5.5}$$

其中，γ 是信噪比；$Q(\cdot)$ 表达式为 $Q(\alpha) = 1/\sqrt{2\pi} \int_\alpha^\infty \exp\left(\frac{t^2}{2}\right) dt$；$\beta_1$ 和 β_2 代表不同的 MCS 类型。表 5.1 是 IEEE 802.11ac 所采用的各种 MCS 方式。当 MCS 阶数较高时可用式 (5.6) 计算 P_{per}：

$$P_{per} = 1 - \left[1 - \frac{2(\sqrt{M} - 1)}{\sqrt{M}} Q\left(\sqrt{\frac{3\gamma}{M-1}}\right)\right]^2 \tag{5.6}$$

表 5.1　IEEE 802.11ac 所采用的 MCS 方式

MCS Index	Modulation	R	β_1	β_2
0	BPSK	1/2	1	2
1	QPSK	1/2	1	1
2	QPSK	3/4	1	1
3	16-QAM	1/2	3/2	1/5
4	16-QAM	3/4	3/2	1/5
5	64-QAM	2/3	7/4	1/31
6	64-QAM	3/4	7/4	1/31
7	64-QAM	5/6	7/4	1/31
8	256-QAM	3/4	15/8	1/85

根据迫零 MU-MIMO 预编码的研究[140]，可以得到迫零预编码的信噪比服从参数为 $n_2 = 2(M - K + 1)$ 和 $n_1 = 2K$ 的 F 分布（M 是发送端天线数，K 是用户数），其概率密度函数为

$$f(\gamma) = \frac{M - K + 1!}{\sigma^2 K} F_{2(M-K+1),2K} \tag{5.7}$$

式 (5.7) 又可以写为

$$f(\gamma) = \frac{\sigma^2 M!}{(K-1)!(M-K)!} \frac{(\sigma^2\gamma)^{M-K}}{(1+\sigma^2\gamma)^{M+1}} \tag{5.8}$$

因此，利用信噪比的概率密度函数和表 5.2(用来实现 Group 多于 4 个用户时用户信干噪比的选择门限和最终发送时所对应的可达速率)可以得到不同可达信噪比下的概率，从而可以用来计算多用户场景下的吞吐量性能。下面分析在线性 MU-MIMO 预编码下的 MAC 层用户选择和调度方案。

表 5.2　信干噪比选择门限和发送的可达速率

Index	可达发送速率/(Mbit/s)	SINR 门限 γ/dB
1	0	$\gamma \leqslant 8$
2	6	$-8 < \gamma \leqslant 12.5$
3	9	$12.5 < \gamma \leqslant 14$
4	12	$14 < \gamma \leqslant 16.5$
5	18	$16.5 < \gamma \leqslant 19$
6	24	$19 < \gamma \leqslant 22.5$
7	36	$22.5 < \gamma \leqslant 26$
8	48	$26 < \gamma \leqslant 28$
9	54	

5.3.2　MU-MIMO 传输的 MAC 层调度优化方案

AP 站点获得一个 TXOP 后，只要满足 TXOP 时限，它可以在指定的轮询 TXOP 内传输多个帧交换序列。"所请求的 TXOP 时长"以 32 μs 为单位指定。"所请求的 TXOP 时长"为 0 表示对于指定通信标识符(Traffic Identifier, TID)没有请求 TXOP。"所请求的 TXOP 时长"不是累加的，对于一个特定 TID 的 TXOP 时长请求将改写任何之前对该 TID 的 TXOP 时长请求，也就是说 IEEE 802.11ac 场景下用户站点 STAs 必须回复 TXOP holder(初始化成功 TXOP 的 STAs)的信息。

因为现有的机制在 MU-MIMO 传输之前获得的信干噪比信息相对于实际发送 MU-MIMO 数据时的信干噪比而言是不精确的。这样会使 MU-MIMO 的性能降低，体现不出 MU-MIMO 对吞吐量的提升作用。因此本节提出一种简单的改进方案可以解决 MU-MIMO 传输时吞吐量的降低问题，具体的改进方案如下。

(1)在 TXOP 内的 MU-MIMO 实现期间发送端 AP 第一帧(标准规定 RTS 或短数据包可作为第一帧)发送时，以保守 MCS(即低阶 MCS)发送。

(2)用户(STA)在该 TXOP 时长内收到第一个 MU-MIMO 帧后，基于该帧重新估计 SINR。此时由用户完成的 SINR 计算可有效考虑其他用户(STA)数据流的干扰。

(3)在用户(STA)响应的块确认 BA 帧中将量化的 SINR 的修正量(4bit 左右)

反馈给 AP，该步需要对帧结构进行一些修改，如图 5.5 所示。

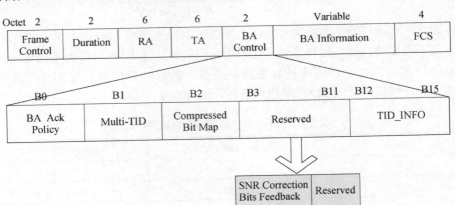

图 5.5　BA 帧结构修改

注意对于单用户 MIMO 传输，本改进方案也适用，同样可带来性能增益。

对于反馈的主动权而言，AP 和 STA 都可以实现如下功能。

(1)对于 AP 而言，为了触发 STA 在非 Sounding(即探测)阶段重新估计 SINR 值并在接下来的 BA 帧中返回修正 SINR 量化值，需要在数据帧的 VHT-SIGA 字段使用 1bit 指示该操作，或者可以将该比特信息以扰码的形式加进去，指示该操作。

(2)对于 STA 而言，为了让 AP 获知自身重新估计了 SINR 值，所响应的 BA 帧中带有修正的 SINR 量化值，那么可以在 BA 帧中加一比特，或者以扰码的形式来指示该操作。

STA 重新获得了带干扰的每个空间流每个子载波上的 SINR 以后，取整体的平均值，即将每个空间流的每个子载波上的 SINR 求和，然后除以每个空间流的子载波数再除以流数，得到一个总体平均 SINR，再计算出此 SINR 与之前反馈的总体平均 SINR 的差值 SINR_correction。将这个差值量化成 4bit，放在 BA 帧里的 BA 控制域中来反馈。用 4bit(B3～B6)来指示这个差值，由于每个 STA 最多可以接收 4 个空间流，也就最多需要反馈 4 个平均 SINR 修正量，因此一共需要 BA control 域中分配 8bit(B3～B10)来指示。

B3、B4 指示第一个空间流的平均 SNR，B5、B6 指示第二个空间流的平均 SNR，B7、B8 指示第三个空间流的平均 SNR，B9、B10 指示第四个空间流的平均 SNR。

修正后的工作流程如图 5.6 所示。第一步，发送端在 TXOP 内以低阶 MCS 发送第一个 MU-MIMO 帧；第二步，用户在收到第一个 MU-MIMO 帧后，基于该帧重新估算 SINR；第三步，用户在响应帧(如块确认帧)中将额外携带 SINR 纠正信息的 BA 帧反馈给发送端；第四步，发送端在收到该修正的反馈帧后对多用户预编码的实现进行调整(可进行功率分配，调整不同用户的加权系数等)以最大化系统的吞吐量。

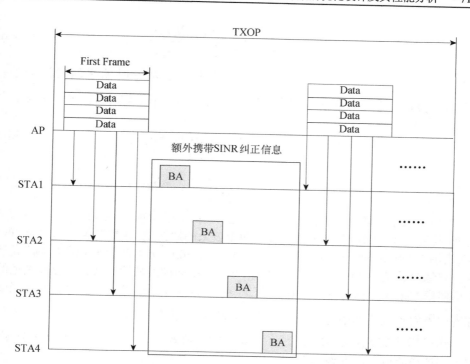

图 5.6　修改后工作流程图

该方案的主要优点是：在不需控制包裹帧反馈的复杂度也不需在 MAC 层增加多余信令开销的情况下，使 AP 得到更为精确的包含多用户干扰的 SINR 反馈值，提高 AP 设计多用户预编码的性能，最终提高物理层的 MU-MIMO 吞吐量。

而且由于在初始化 TXOP 时，对主 AC 用户第一帧初始化的成功与否至关重要，如果第一帧交互失败，那么 TXOP 初始化就失败，而当进行多用户传输时会有多个用户，所以先询问哪个用户对 TXOP 初始化成功与否也就显得十分重要；而且如果在 Group 包括两个以上主 AC 用户，若询问第一个主 AC 用户失败则 TXOP 初始化失败，这样就会对第二个主 AC 用户不公平而且降低了 TXOP 初始化成功的概率。针对这两方面的问题，本书建议对用户调度进行如下两方面的改进。

（1）TXOP 初始化时先对主 AC 用户进行轮询以提高 TXOP 初始化的概率。

（2）如果对第一个主 AC 用户第一帧交互失败可以尝试对第二个主 AC 用户交互，这样既可以改善多个主 AC 用户的公平性问题，又增加了 TXOP 初始化成功的概率。

5.4　IEEE 802.11ac MU-MIMO 传输方案的性能分析

本节将结合前面所述多用户预编码方案对 IEEE 802.11ac 场景下的吞吐量性能进行分析，由于平均发送帧长 $\bar{X}$ 和所用平均时长 $\bar{T}$ 之比即为吞吐量，而且实现下行多用户发送需要 AP 竞争到信道，因此吞吐量可以表示为

$$S(m,N,r_\gamma) = P_{AP} \cdot \frac{\overline{X}(m,N,r_\gamma)}{\overline{T}(m,N,r_\gamma)} \tag{5.9}$$

其中，$\overline{X}(m,N,r_\gamma)$ 是 N 个用户在 m 个时隙内门限为 r_γ 时的平均发送帧长；$\overline{T}(m,N,r_\gamma)$ 是 N 个用户在 m 个时隙内门限为 r_γ 时的所用平均时长，可分别表示为

$$\overline{X}(m,N,r_\gamma) = \sum_{i=1}^{n_t} i \cdot l \cdot \left(\sum_{\omega=\gamma}^{R} P_f(i,m,N,r_\gamma,r_\omega) \right) \tag{5.10}$$

$$\overline{T}(m,N,r_\gamma) = T(0,m) \cdot P_f(0,m,N,r_\gamma) + \sum_{i=0}^{n_t} \sum_{\omega=\gamma}^{R} T(i,m,r_\omega) \cdot P_f(i,m,N,r_\gamma,r_\omega) \tag{5.11}$$

索引 i 表示可能的帧类型，$i=0$ 表示无发送情况的空帧；$i=1$ 表示一个波束的帧类型，其数据包帧长度为 l bit；$i=2$ 表示两个波束的帧类型，其数据包帧长度为 $2l$ bit；$i=3$ 表示 3 个波束的帧类型，其数据包帧长度为 $3l$ bit；$i=4$ 表示 4 个波束的帧类型，其数据包帧长度为 $4l$ bit。平均发送帧长可通过不同帧类型的比特数与该帧类型的发送概率的乘积计算获得。$P_f(i,m,N,r_\gamma,r_\omega)$ 表示第 i 帧类型在 N 个用户 m 个时隙内门限为 r_γ 发送速率 r_ω 的概率。其计算将在下面进行分析。

式 (5.9) 中的 P_{AP} 为 AP 竞争到信道的概率，则 AP 与 $n-1$ 个站点在 m 个时隙内竞争到信道的概率可以表示为[141]

$$P_{AP} = \frac{m!n!}{m^n} \sum_{j=1}^{\min(m,n)} \frac{(-1)^{j+1}(m-j)^{n-j}}{(j-1)!(m-j)!(n-j)!} \tag{5.12}$$

因为下行多用户需要 AP 竞争到信道，Group 所含用户不需要竞争信道，但是由于一个用户可以在不同 Group 中，所以下行多用户需要对用户进行选择，选取用户信噪比较大的作为多用户服务的对象。若选择用户的门限为 r_γ，则从 N 个用户中选择 n 个 SINR 大于 r_γ 的概率为

$$P_{select}(n,r_\gamma) = C_N^n \left(1 - F(\gamma)\right)^n \left(F(\gamma)\right)^{N-n} \tag{5.13}$$

如前所述，在 $P_{select}(n,r_\gamma)$ 的基础上把 $P_f(i,m,N,r_\gamma,r_\omega)$ 分为 5 种不同的帧类型来计算得到 $\overline{X}(m,N,r_\gamma)$ 和 $\overline{T}(m,N,r_\gamma)$。

第一种帧类型为 $i=0$ 即空帧，则有

$$P_f(i=0,m,N,r_\gamma) = P_{select}(0,r_\gamma) + \sum_{n=1}^{N} P_{select}(n,r_\gamma) \cdot P_{survive}(0,m,n) \tag{5.14}$$

其中，$P_{select}(0,r_\gamma)$ 是无用户的信干噪比大于门限 r_γ 的概率；$P_{survive}(s,m,n)\big|_{s=0}$ 是 n 个用户在 m 个时隙内有 $n-s$ 个用户进入回退状态的概率；$P_{survive}(0,m,n)$ 表示 n 个用户在 m 个时隙内由于碰撞等原因无用户竞争到信道的概率，可由式 (5.15) 给出：

$$P_{survive}(0,m,n) = \frac{m!n!}{m^n} \cdot \sum_{j=1}^{\min(m,n)} \frac{(-1)^{j+1}(m-j)^{n-j}}{(j-1)!(m-j)!(n-j)!} \tag{5.15}$$

第二种帧类型为 $i=1$ 即单个波束帧类型，其帧长为 $l$bit，则

$$P_f(i=1,m,N,r_\gamma,r_\omega) = \sum_{n=1}^{N}\Big[P_{\text{select}}(n,r_\gamma)\cdot P_{ri}(r_\omega,i=1)\Big] \tag{5.16}$$

其中，$P_{ri}(r_\omega,i)$ 是某一用户的 i 个波束上可达速率为 r_ω 的概率。之所以这样计算，是因为对于某一用户而言，其所有发送波束的编码调制方式是相同的，计算如下：

$$P_{ri}(r_\omega,i)=P_r\big\{(\text{at least 1 beam with } r_\omega)\cap(\text{no beam with } r>r_\omega)\big\}$$

$$=P_r\big\{(\text{at least 1 beam with } r_\omega)\big|(\text{no beam with } r>r_\omega)\big\}\cdot P_r\big\{\text{no beam with } r>r_\omega\big\}$$

$$=\big(1-P_r\big\{1-P_r\{\text{all beams with } r<r_\omega\}\big\}\big)\cdot P_r\big\{\text{all beam with } r<r_\omega\big\}$$

$$=\left(\left\{1-\left[\frac{\displaystyle\sum_{v=\gamma}^{\omega-1}P_r(r_v)}{\displaystyle\sum_{v=\gamma}^{\omega}P_r(r_v)}\right]^j\right\}\left[\frac{\displaystyle\sum_{v=\gamma}^{\omega}P_r(r_v)}{\displaystyle\sum_{v=\gamma}^{R}P_r(r_v)}\right]^j\right) \tag{5.17}$$

其中，$P_r(r_v)$ 是发送速率小于 r_ω 的概率。

第三种帧类型为 $i=2$ 即双波束帧类型，其帧长为 $2l$ bit。第四种帧类型为 $i=3$ 即 3 个波束的帧类型，其帧长为 $3l$ bit，第五种帧类型为 $i=4$ 即 4 个波束帧类型，其帧长为 $4l$ bit，因此 $P_{ri}(r_\omega,i)$ 可以由式 (5.17) 得出。

根据不同帧类型可以得到 $\bar{X}(m,N,r_\gamma)$，而 $T(i,m,r_\omega)$ 表示帧类型 i 可达发送速率为 r_w 的发送时间，可计算如下：

$$T(i,m,r_\omega)=T_{\text{data}}(i,r_\omega)+T_{\text{overhead}}(i,m) \tag{5.18}$$

其中，$T_{\text{data}}(i,r_\omega)$ 表示帧类型 i 数据包以发送速率 r_ω 的发送时间；$T_{\text{overhead}}(i,m)$ 是 TXOP 期间第 i 种帧类型在 m 个时隙内所需的帧交换控制代价，如 RTS、CTS 和 SIFS 等时间，具体帧交换控制代价如表 5.3 所示。

表 5.3　帧交换控制代价

参数	时间值
MAC Header	40B
PHY Header	24 μs
SIFS	16 μs
DIFS	34 μs
Slot Time	9 μs
BA	84 μs
RTS	20B
CTS	20B
DATA MPDU	2312B

5.5　仿真结果与分析

　　本节对 IEEE 802.11ac 的 MU-MIMO 传输的改进方案性能进行仿真和分析。仿真假定 AP 有 M 根发送天线,用户为单天线,噪声方差为 1,控制代价如表 5.3 所示,预编码为迫零预编码。假定 4 个用户分别代表不同接入类别,如语音用户、视频用户,尽最大努力用户和背景用户。

　　当采用迫零 MU-MIMO 预编码时,由于采用信干噪比反馈和不采用反馈时 AP 将决定是否需要信道信息的重新反馈。图 5.7 为采用式 (5.4) 的目标函数进行功率分配的情况下,进行信干噪比反馈和无反馈时 Goodput 的性能差别。仿真表明,反馈精确信道信息下 Goodput 的性能要大于不进行反馈的情况。

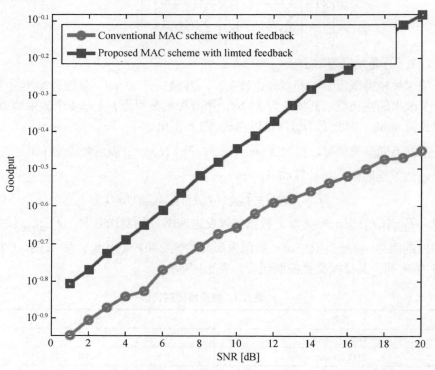

图 5.7　SNR 反馈的 MAC 层方案和无反馈的 MAC 层方案的 Goodput 性能对比

　　图 5.8 对系统吞吐量性能的分析结果进行了仿真验证。仿真参数如下:门限速率 r_γ 分别取值 −8dB、14dB 和 16dB。仿真结果表明,理论分析结果与仿真结果吻合,随着时隙数的增加,吞吐量的增加也逐渐变缓,且门限值越高其吞吐量越小,因为门限值选择较高时会导致能服务的用户数变少,所以吞吐量降低。

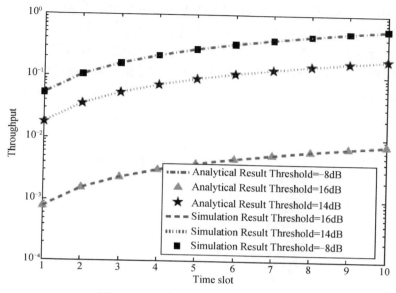

图 5.8　可达发送速率不同时的吞吐量

　　图 5.9 对 MAC 优化方案的第一种，即在多用户的情况下，TXOP 初始化第一帧时先询问主 AC 用户和不一定先询问主 AC 用户时的 TXOP 初始化成功的概率进行对比。仿真结果表明，先对主 AC 用户询问 TXOP 初始化成功的概率要远大于不一定先对主 AC 用户询问的情况。

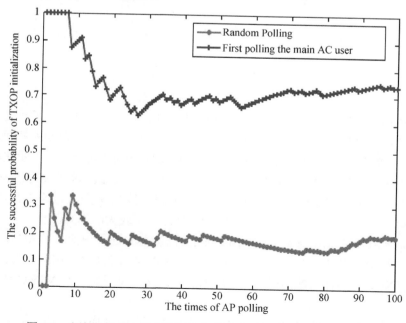

图 5.9　先询问主 AC 用户 TXOP 初始化成功概率随询问次数的变化

　　图 5.10 对 MAC 优化方案的第二种,即在 Group 中多个主 AC 用户存在的情况下, AP 对第二个主 AC 用户尝试询问和不对第二个主 AC 用户询问的性能进行对比。仿真结果表明,对第二个主 AC 用户询问会大大增加下行多用户的吞吐量,这是因为对第二个主 AC 用户的询问既使 TXOP 初始化成功的概率增加,也增加了AP 占用信道的时间,从而使 IEEE 802.11ac 下行多用户的吞吐量增加。

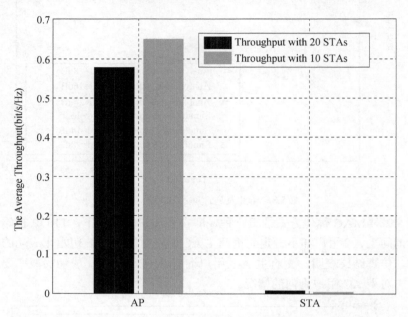

图 5.10　不同主 AC 用户轮询时 AP 吞吐量性能对比

5.6　小　　结

　　本章基于 IEEE802.11ac/. draft 2.0 对其 MU-MIMO 传输方案进行了改进和仿真分析。针对多用户发送时用户发送信道信息有延迟的特点需要 TXOP 期间用户通过响应 BA 帧进行信干噪比的反馈,结果表明, MU-MIMO 传输时信干噪比的反馈会使多用户 BER 的性能有很大的提高,也提高了系统正确接收的比特数(即Goodput),本章又在加权"和速率"最大化的目标函数下进行了功率的最优分配,结果表明有反馈的系统与无反馈的系统相比性能有了较大的提升。

　　针对 TXOP 初始化对主 AC 询问失败的特点,本章还提出两个 MAC 层的优化方案,这两个方案是对主 AC 用户的优先询问和对第二个主 AC 用户的尝试询问,降低了 TXOP 初始化失败的概率,同时增加了 802.11ac 下行 MU-MIMO 传输的吞吐量。

　　本章基于 IEEE 802.11ac/ draft 1.4 并结合本书所述多用户预编码方案对 IEEE

802.11ac 场景下的吞吐量性能进行了分析。针对五种不同的帧类型计算了不同的平均发送帧长和所用的平均时长，从而计算出该帧类型下的吞吐量性能。仿真表明，随着门限速率的增加吞吐量降低，并且随着时隙的增加吞吐量趋于平坦，表明了本章分析结果的正确性。

第6章 基于MAC层协作的VHT WLAN吞吐量增强方案及其性能分析

6.1 概　述

随着 IEEE 802.11 无线局域网的标准化和广泛使用，如何提高无线局域网的性能引起了人们的广泛关注。尤其当新一代 Wi-Fi 标准 VHT WLAN 引入了 MU-MIMO 和带宽扩展后，无线局域网成为发展最快的网络应用之一，然而，新机制的引入使现有机制存在着一些亟待解决的问题。其中一个重要的问题就是当多个 BSS 运行的情况下，现有机制的站点 NAV 设置会浪费较多的时长，这是由于 MU-MIMO 的引入在一定程度增加了同一时间内站点的运行数目，此外，带宽的扩展使在有限的频谱资源下可同时使用的频带资源更加缺乏，因此如何有效提高 VHT WLAN 的性能是一个重要的研究方向。

IEEE 802.11 标准初期定义了 DCF 和可选择的点协调功能(PCF)两种媒体接入控制协议。基于中心控制的 PCF 复杂度较高且不能有效支持突发分组业务，因此很少被实际系统采用。DCF 是一种基于冲突避免的载波侦听多点接入协议，在媒体接入控制层对尽力而为型的业务具有很好的鲁棒性；但 DCF 对延时要求很严格的实时业务并不十分有效。为了满足不同业务的服务质量需求，IEEE 802.11 标准化组织定义了支持多媒体业务的 EDCA 机制[143]，而 VHT WLAN 正是将 EDCA 的 TXOP 机制扩展为支持 MU-MIMO 的 TXOP sharing 机制[129]。

近年来，许多文献研究了 WLAN 的性能，Asutosh 等研究了 CSMA/CA 协议下多个频带的机会利用[144]。Weng 和 Babich 等对 802.11 DCF 机制下的竞争窗机制进行了研究，并根据假定条件获取最优竞争窗[145,146]。Nguyen 等在假定所有 BSS 使用同一个频带作为主信道的情况下对密集的 802.11 网络下的场景进行了性能分析，并得到密集网络下最优的 AP 数目[131]。程远等研究了差错信道下无线局域网加强分布协调功能的接入延时性能。利用马尔可夫模型的分析结果，提出了差错信道下针对不同优先级业务的接入延时分析模型[148]。沈丹萍等针对 MAC 层帧聚合中子帧必须使用相同调制编码方式以及具有最大帧长限制的问题，引入物理层超帧，并采用自适应帧聚合机制来改善系统的吞吐量性能[149]。Yan 等对比了 EDCA 机制无 TXOP 剩余时长清除条件下，全长 NAV 设置和一帧一帧 NAV 设置两种情况下的吞吐量性能，结果表明当无 TXOP 剩余时长清除时，一帧一帧 NAV 设置要优于全长 NAV 设置的性能[150]。Rao 等提出了基于发送功率控制协议的载波

侦听方案, 给出了功率高效利用的解决思想[151]。Nguyen 等利用统计几何知识[18]
对密集的 IEEE 802.11 网络的统计几何分析[152,153]。

目前来看, 尚无关于提高 VHT WLAN 吞吐量增益的性能分析, 并且针对 VHT
WLAN 呈现出冗余时长问题和带宽浪费问题的解决方案处于空白状态, 本章提出
了基于 MAC 协作的 TLNAV 机制和不等带宽发送机制可以有效解决现有机制存在
的问题, 提高 VHT WLAN 的吞吐量性能。

6.2　现有方案问题形成和所提方案阐述

6.2.1　现有方案问题形成

本节在分析现有机制的基础上用一个简单的例子表明其存在的问题。

本节首先介绍 VHT WLAN 的带宽使用情况以表明目前协议存在问题的严重性。
VHT WLAN 草案标准规定 MU-MIMO 采用 MIMO-OFDM 模式, 工作于 5GHz 频段,
基本带宽为 40MHz, 必选带宽为 80MHz, 可选带宽为 160MHz 和 (80+80) MHz[129]。

从美国、欧洲等管制地区以及中国允许的信道选项可以清晰地看到所允许的信
道带宽能同时支持的 160MHz 信道最多只有两个。而且在目前无线局域网飞速发展
的今天, 热点覆盖越来越多, 有限的频谱资源难以满足同时支持多个基本服务区正
常工作的需求, 因此由 MU-MIMO 技术的引入导致的站点网络分配矢量误设成为一
个亟待解决的问题。下面通过一个简单的例子来介绍现有机制存在的问题是如何形
成的。

多个 BSS 重叠的场景是无线局域网的基本场景之一。此处以两个 BSS 的场景
为例进行分析。具体的无用 NAV 设置场景如图 6.1 所示。由于实际中相邻 BSS 主
信道频带是否对齐存在两种情况, 因此本节分成两种情况进行分析, 这也表明所举
例场景在实际中的普遍性。

（1）当相邻 BSS 主信道频带不对齐时, 即 BSS2 的主信道频带和 BSS1 的次信
道频带重叠时, STA3 所处的位置使该站点的可用带宽受到来自不同 BSS 的干扰,
以至于无法满足 AP1 实现 MU-MIMO 要求带宽一致的条件, MU-MIMO 的实现将
无法服务站点 STA3, 而此时的站点 STA4 和 AP2 设置的 NAV 并未清除, 那么在
相邻 BSS 主信道频带不对齐的情况下, AP2 所处的基本服务区将处于休眠状态,
这会浪费一个 TXOP 时长, 从而降低了 VHT WLAN 的吞吐量。

（2）当相邻 BSS 主信道频带对齐时, 即使用同一个频带作为各自 BSS 的主信
道。则 AP1 对 STA1、STA2 和 STA3 实现 MU-MIMO 时, 由于不同站点所需传输
的数据量不同, 当 STA3 数据传输完后, AP1 可通过 CF-END 帧清除剩余 TXOP
时长, 然而站点 STA4 和 AP2 并不能收到该帧（CF-END 帧是无响应帧）, 这将导
致 BSS2 在剩余 TXOP 时长内无法工作, 从而降低 VHT WLAN 的吞吐量。

针对现有方案所呈现的问题，本章提出了 TLNAV 机制使以上问题得以解决。

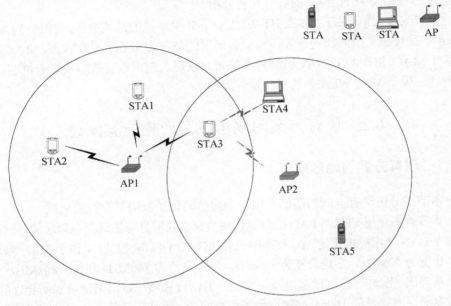

图 6.1　无用 NAV 设置场景

6.2.2　基于 MAC 层协作的吞吐量增强方案阐述

针对现有协议存在的问题，本章提出 TLNAV 方案旨在最大化 VHT WLAN 的系统吞吐量，以图 6.1 为例阐述方案的具体流程。

首先以相邻 BSS 主信道频带不对齐（场景 a）为例。

第一，AP1 为站点 STA1、STA2 和 STA3 进行 MU-MIMO 传输需首先获取站点可用信道的使用权，AP1 向站点发送 RTS/data 帧轮询，STA3 以 CTS/BA 帧响应，此时 BSS2 中的 AP2 和 STA4 在收到 STA3 响应的 CTS/BA 帧后将设置 NAV（可进入 power saving 状态）。AP1 在收到所有服务站点的响应后会决定采用哪种带宽进行传输，当站点的可用带宽不同时，AP1 需计算采用哪种带宽传输能最大化系统的吞吐量（AP 可以根据不同算法判决 MU-MIMO 服务对象）。若计算结果站点 STA3 不能被 AP1 服务时，BSS2 中的 AP2 和 STA4 仍然处于 NAV 设置中（BSS2 的主信道不能使用），那么 BSS2 在该 TXOP 时长内将无法工作。

第二，BSS2 中的 AP2 和 STA4 需等待 Timeout 时长（如 DIFS、SIFS 等）以保证 BSS2 属于场景 a 的类型。

第三，收到最后一帧信息通告的 AP2 和 STA4 需要满足两个条件才能清除无用的 NAV 设置。如图 6.2 所示，可清除的 NAV 时长必须介于最长时长和次长时长之间，这是因为可清除时长只有介于两者之间时清除 NAV 才不会影响到其他站点数据的传输。

以场景 a 为例的解决方案流程如图 6.3 所示。

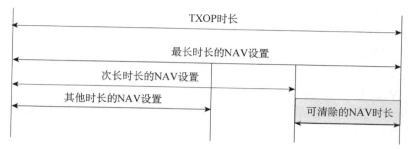

图 6.2　无用 NAV 清除示意图

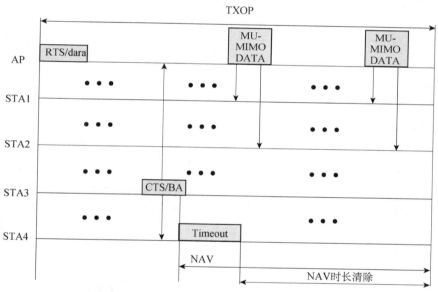

图 6.3　场景 a 解决方案流程图

下面介绍场景 b 解决方案的基本流程。

第一，与场景 a 一样，BSS2 中的 AP2 和 STA4 在收到 STA3 响应的 CTS/BA 帧后将设置 NAV，而 STA3 数据传输完所剩的 TXOP 时长是可以利用的。本方案需要 AP1 在最后一个 BAR 控制帧中携带最后一帧的信息，STA3 在响应的 BA 控制帧中需携带信息通知 AP2 和 STA4。可以通过两种方法获得 STA3 获知最后一帧的信息，一种是通过 MAC 帧头的 more data 域，即若该帧是最后一帧则 more data 域等于 1，若该帧不是最后一帧则 more data 域等于 0；另一种方法需要发送端通过 BAR 帧指示该帧是最后一帧，可以通过修改 BAR 帧中控制字段的 reserved 比特位实现，即利用其中一个 reserved 的比特位，该位置 0 则为非最后一帧，置 1 则为最后一帧。

第二,接收到最后一帧的站点 STA3 需要告知其周围的站点该信息以便清除无用的 NAV 设置,STA3 可通过 BA 帧的帧控制域的 reserved 字段指示,即站点 STA3 在响应 BA 帧时,通过修改 BA 帧控制字段的比特位信息,该位置 0 则为非最后一帧,置 1 则为最后一帧来告知其周围的站点。

第三,收到最后一帧信息通告的 AP2 和 STA4 需要满足两个条件才能清除无用的 NAV 设置,可清除的 NAV 时长必须介于最长时长和次长时长之间,这是因为可清除时长只有介于两者之间时清除 NAV 才不会影响到其他站点数据的传输,则 AP2 和 STA4 在等待 SIFS 后即可清除无用 NAV 设置,并且不会对其他站点产生干扰。

以场景 b 为例的解决流程如图 6.4 所示。

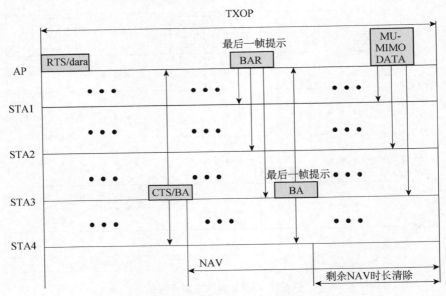

图 6.4　场景 b 解决方案流程图

6.3　不等带宽发送方案

由于目前频谱有限以及无线局域网带宽的限制,每个 BSS 所用的带宽受到限制,而且干扰的存在又会使每个用户可使用的带宽不尽相同,这使发送站点进行 MU-MIMO 操作时需要对用户进行选择。如图 6.1 所示,若发送站点 AP1 要对站点 STA1、STA2 和 STA3 进行 MU-MIMO 操作,则发送站点首先需要探测服务对象的信道使用情况。由于带宽的占用和实际中干扰与噪声等的影响,站点 STA1、STA2 和 STA3 的可用信道并不能相同,那么在无线局域网环境下要实现 MU-MIMO

操作就需要选择站点带宽相同的用户进行服务，则在 (80+80) MHz 带宽发送模式下，发送端将无法同时对这 3 个站点实现 MU-MIMO 服务，而在实际中这种场景非常常见，这严重降低了带宽的利用效率且降低了无线局域网的系统吞吐量，尤其是在 6.2 节中使用 TLNAV 方案的情况下，系统出现不等带宽发送的场景将更加常见。本节不等带宽发送方案的提出解决了出现以上描述场景下多个站点不能同时被服务的问题，该方案不仅兼容其他无线局域网协议而且能获得显著的吞吐量增益。

本节方案具体实现如下。

在信令字段 VHT-SIG-A-1 中对带宽 "BW" 域和空时流 "N_{sts}" 域的指示进行修改。

由于 MU-MIMO 发送操作中，每个站点 STA 一般最大支持的空时流数为 4，并且在信令字段中有 3bit 进行指示，然而 3bit 可以支持到数字 7 的指示，因此更新指示如下。

BW=80MHz，$N_{sts} \geqslant 5$ 表示处于不等带宽发送模式，并且 (BW=80MHz，N_{sts}=5) 表示 (80+80) MHz 的两个 80MHz 带宽上各有一个空时流；(BW=80MHz，N_{sts}=6) 表示 (80+80) MHz 的两个 80MHz 带宽上各有两个空时流；而 (BW=80MHz，N_{sts}=7) 需要保留比特位 "22th" 和 "23th" 联合指示，即当 (BW=80MHz，N_{sts}=7) 且 "23th=0" 时，"22th" 等于 0 和 1 分别表示 (80+80) MHz 的第一个 80MHz 带宽上支持 3 个和 4 个空时流，而当 (BW=80MHz，N_{sts}=7) 且 "22th=0" 时，"23th" 等于 0 和 1 分别表示 (80+80) MHz 的第二个 80MHz 带宽上支持 3 个和 4 个空时流。

本方案不仅兼容现有无线局域网协议而且很好地解决了多用户发送模式下的带宽浪费问题。

6.4　所提方案性能研究

本节针对本章所提的吞吐量增强方案进行性能分析，得到了所提方案在吞吐量方面的性能增益。假定一帧发送完成的时间（即单帧服务时间）X 服从参数为 λ 的指数分布，那么在一个 TXOP 内 m 帧发送完成即 $Y = X_1 + \cdots + X_m$ 则服从 m-Erlang 分布[154]，如式 (6.1) 所示：

$$f_Y(y) = \frac{\lambda e^{-\lambda y} (\lambda y)^{m-1}}{(m-1)!}, \quad y \geqslant 0 \tag{6.1}$$

业务到达 Z 服从参数为 λ_u 的泊松 (Poisson) 分布，如式 (6.2) 所示：

$$\text{Pois}(\tilde{\lambda}) = \frac{\tilde{\lambda}^k}{k!} e^{-\tilde{\lambda}}, \quad k \in \{0,1,2,3,\cdots\} \tag{6.2}$$

则一个 TXOP 时长内 m 帧的平均发送时长为

$$E[y] = \int_0^{\infty} y f(y) \mathrm{d}y = \frac{m}{\lambda} \tag{6.3}$$

那么在 TXOP 的 m 帧发送完成后的剩余时长内吞吐量增益的表达式为[152,153]

$$\text{Throughput\_gains} = \frac{\sum_{u=1}^{\bar{N}} E[P_u] \cdot P_u^{\text{Poisson}}}{T_{\text{redundant\_t}}} \qquad (6.4)$$

其中，$E[P_u]$ 表示平均帧发送时长如式 (6.3) 所示；$\bar{N}$ 表示可清除无用 NAV 设置的站点数，具体计算过程可以利用 Campell 定理积分获得[152,153]；P_u^{Poisson} 是可清除无用 NAV 设置的站点业务到达的密度（业务到达服从参数为 λ_u 的泊松分布）。

若发送模式为 SU-MIMO，一个 TXOP 内 m 帧发送完成后的剩余时长 $T_{\text{redundant\_t}}$ 等于 TXOP 减掉 m 帧的发送时长 Y 和固有时间 Δ，即 $T_{\text{redundant\_t}}$ 可写为

$$T_{\text{redundant\_t}} = \text{TXOP} - \Delta - Y \qquad (6.5)$$

由于每次发送前需要发送端发送 RTS 或短数据帧来进行 TXOP 初始化，因此固有时间 $\Delta = \text{RTS}/\text{s\_Data} + \text{SIFS} + \delta + \text{CTS}/\text{ACK} + \text{SIFS} + \delta$，从而可以获得 SU-MIMO 模式下剩余时长的概率密度函数如定理 6.1 所示。

定理 6.1　SU-MIMO 发送模式下一个 TXOP 内 m 帧发完后的剩余时长 $T_{\text{redundant\_t}}$ 的概率密度函数为

$$f_{\text{SU\_redundant}}(x) = \frac{\lambda e^{-\lambda(t-\Delta-x)}\left[\lambda(t-\Delta-x)\right]^{m-1}}{(m-1)!} \qquad (6.6)$$

其中，t 即 TXOP 时长；λ 是 m-Erlang 分布的参数。

为了表述方便，将吞吐量增益记为 η，因此吞吐量增益可表示为

$$\eta = \frac{\sum_{u=1}^{N} E[P_u] P_u^{\text{Possion}}}{T_{\text{redundant\_t}}} = \frac{x}{y} \qquad (6.7)$$

基于定理 6.1 可以获得单用户 MIMO 发送模式下的吞吐量性能增益为

$$
\begin{aligned}
f(\eta) &= \int_0^{t-\Delta} f(y) f(\eta y) y \mathrm{d}y \\
&= \int_0^{t-\Delta} \frac{\lambda e^{-\lambda(t-\Delta-y)}\left[\lambda(t-\Delta-y)\right]^{m-1}}{(m-1)!} \frac{\lambda_{\bar{N}}^{\eta y} e^{-\lambda_{\bar{N}}}}{(\eta y)!} \delta(\eta y - k) y \mathrm{d}y \\
&= \sum_{k=0}^{\lfloor \eta(t-\Delta) \rfloor} \frac{\lambda e^{-\lambda(t-\Delta)}}{(m-1)!} e^{-\lambda_{\bar{N}}} \frac{\lambda_{\bar{N}}^k}{(k)!} \frac{k}{\eta} e^{\frac{\lambda k}{\eta}} \left[\lambda\left(t-\Delta-\frac{k}{\eta}\right)\right]^{m-1}
\end{aligned} \qquad (6.8)
$$

其中，$\lfloor \cdot \rfloor$ 和 $\lceil \cdot \rceil$ 分别表示向下取整函数和向上取整函数。

从而可以得到定理 6.2。

定理 6.2　SU-MIMO 发送模式下，TLNAV 方案带来的吞吐量增益的概率密度函数为

$$f_{SU\_gains}(x) = \sum_{k=0}^{\lfloor x(t-\Delta)\rfloor} \frac{\lambda e^{-\lambda(t-\Delta)}}{(m-1)!} \frac{e^{-\lambda_{\bar{N}}} \cdot \lambda_{\bar{N}}^k}{(k-1)!} \frac{k}{x} e^{\frac{\lambda\lambda_s k}{x}} \left[\lambda\left(t-\Delta-\frac{\lambda_s k}{x}\right)\right]^{m-1} \quad (6.9)$$

其中，$\lambda_{\bar{N}} = \sum\limits_{u=1}^{\bar{N}} \lambda_u$，$\lambda_u = P_u^{\text{Poisson}}$；$\lambda_s = E[P_u]$ 表示帧发送时长的期望。

由于单用户 MIMO 吞吐量性能增益的期望为 $\varepsilon_{SU\_gains} = E\left[\dfrac{x}{y}\right] = E[x] \cdot E\left[\dfrac{1}{y}\right] = \lambda_s\lambda_{\bar{N}} \cdot E\left[\dfrac{1}{y}\right]$，那么可以得到

$$
\begin{aligned}
E\left[\frac{1}{y}\right] &= \int_{\frac{1}{t-\Delta}}^{\infty} \frac{\lambda^m}{(m-1)!} y \frac{1}{y^2} e^{-\lambda\left(t-\Delta-\frac{1}{y}\right)} \left(t-\Delta-\frac{1}{y}\right)^{m-1} \mathrm{d}y \\
&\xrightarrow{t-\Delta=a} \frac{\lambda^m}{(m-1)!} \int_{\frac{1}{a}}^{\infty} \frac{1}{y} e^{-\lambda\left(a-\frac{1}{y}\right)} \left(a-\frac{1}{y}\right)^{m-1} \mathrm{d}y \\
&\xrightarrow{s=1/y} \frac{\lambda^m}{(m-1)!} \int_0^a \frac{1}{s} e^{-\lambda(a-s)} (a-s)^{m-1} \mathrm{d}s \\
&= \frac{1}{(m-1)!} \sum_{k=1}^{\infty} \left(\frac{1}{a}\right)^k \left(\frac{1}{\lambda}\right)^{k-1} \gamma(m+k-1, \lambda a)
\end{aligned}
\quad (6.10)
$$

所以 TLNAV 方案在 SU-MIMO 发送模式下的吞吐量增益期望如推论 6.1 所示。

推论 6.1　SU-MIMO 发送模式下，所提方案带来的吞吐量增益的期望为

$$E_{SU\_gains} = \frac{\lambda_s\lambda_{\bar{N}}}{(m-1)!} \sum_{k=1}^{\infty} \left(\frac{1}{t-\Delta}\right)^k \left(\frac{1}{\lambda}\right)^{k-1} \gamma[m+k-1, \lambda(t-\Delta)] \quad (6.11)$$

其中，$\gamma(\cdot,\cdot)$ 是不完全 Gamma 函数[128]，其他参数同前。

接着考虑 MU-MIMO 发送模式下所提方案所带来的吞吐量增益性能。在 MU-MIMO 发送模式下，TXOP 内 m 帧发送同样服从 m-Erlang 分布，而与 SU-MIMO 不同的是，欲清除无用 NAV 设置的站点需要多等待固有时长 $\text{con\_t} = \text{SIFS} + \delta + \text{BAR} + \delta + \text{SIFS} + \delta + \text{BA} + \delta$，这是由 MU-MIMO 发送模式下发送端对站点的轮询操作造成的，若 MU-MIMO 模式下的 Group 包含 G 个站点，不同站点的业务到达服从参数为 λ_u 的泊松分布，那么 MU-MIMO 模发送式下剩余时长即为 $T_{MU\_redun} = \text{TXOP} - \Delta - \text{con\_t} \cdot \sum\limits_{u=2}^{G} \lambda_u - X$，$X$ 是 TXOP 内 m 帧发送所需时长，由于 MU-MIMO 发送模式下的一个 TXOP 内 m 帧发送完成后的剩余时长 $T_{MU\_redun} = t - \Delta - \text{con\_t} \cdot \sum\limits_{u=2}^{G} \lambda_u - X$，从 T_{MU_redun} 的组成可以看出其包含两个变

量，一个是服从泊松分布的业务到达变量 x，另一个是 m 帧传输完成所需时长的变量 y。为计算方便记作 $z = x + y$，首先求得变量 z 的分布为

$$
\begin{aligned}
f(z) &= \int_0^z f(x)f(\eta - x)\mathrm{d}x \\
&= \int_0^z \frac{\lambda_{\mathrm{G}}^x}{(x)!}\mathrm{e}^{-\lambda_{\mathrm{G}}}\delta(x-k)\frac{\lambda \mathrm{e}^{-\lambda(z-x)}\left[\lambda(z-x)\right]^{m-1}}{(m-1)!}\mathrm{d}x \\
&= \mathrm{e}^{-\lambda_{\mathrm{G}}}\frac{\lambda^m}{(m-1)!}\sum_{k=0}^{\lfloor z \rfloor}\frac{\lambda_{\mathrm{G}}^k}{(k)!}\mathrm{e}^{-\lambda(z-k)}(z-k)^{m-1}
\end{aligned}
\tag{6.12}
$$

从而 $T_{\mathrm{MU\_redun}}$ 的分布函数可以获得，如下

$$
f_{\mathrm{MU\_redun}}(x) = \mathrm{e}^{-\lambda_{\mathrm{G}}}\frac{\lambda^m}{(m-1)!}\sum_{k=0}^{\lfloor t-\Delta-x \rfloor}\frac{\lambda_{\mathrm{G}}^k}{k!}\mathrm{e}^{-\lambda(t-\Delta-x-k)}(t-\Delta-x-k)^{m-1}
\tag{6.13}
$$

所以可以得到关于 MU-MIMO 发送模式下，一个 TXOP 内的剩余时长的分布如定理 6.3 所示。

定理 6.3　MU-MIMO 发送模式下，一个 TXOP 内的剩余时长的 $T_{\mathrm{MU\_redun}}$ 分布为

$$
f_{\mathrm{MU\_redun}}(x) = \frac{\lambda^m}{(m-1)!}\sum_{k=0}^{\lfloor t-\Delta-x \rfloor}\frac{\lambda_{\mathrm{G}}^k \cdot \mathrm{e}^{-\lambda_{\mathrm{G}}}}{k!}\mathrm{e}^{-\lambda(t-\Delta-x-k)}(t-\Delta-x-k)^{m-1}
\tag{6.14}
$$

其中，$\lambda_{\mathrm{G}} = \mathrm{con\_t} \cdot \sum_{u=2}^{G}\lambda_u$，其他参数同前。

由于站点的业务到达和 TXOP 内剩余时长是两个相互独立的变量，因此可以获得

$$
E_{\mathrm{MU\_gains}} = E\left[\frac{x}{y}\right] = E[x]\cdot E\left[\frac{1}{y}\right] = \lambda_s \lambda_{\bar{N}} \cdot E\left[\frac{1}{y}\right]
$$

所以可以得到

$$
\begin{aligned}
E\left[\frac{1}{y}\right] &= \int_{\frac{1}{t-\Delta}}^{\infty}\mathrm{e}^{-\lambda_{\mathrm{G}}}\frac{\lambda^m}{(m-1)!}\frac{1}{y}\sum_{k=0}^{\lfloor 1/y \rfloor}\frac{\lambda_{\mathrm{G}}^k}{k!}\mathrm{e}^{-\lambda\left(\frac{1}{y}-k\right)}\left(\frac{1}{y}-k\right)^{m-1}\mathrm{d}y \\
&\xrightarrow[x=1/y]{t-\Delta=a} \mathrm{e}^{-\lambda_{\mathrm{G}}}\frac{\lambda^m}{(m-1)!}\int_0^a\sum_{k=0}^{\lfloor x \rfloor}\frac{\lambda_{\mathrm{G}}^k}{k!}\mathrm{e}^{-\lambda(x-k)}(x-k)^{m-1}\frac{1}{x}\mathrm{d}x \\
&= \mathrm{e}^{-\lambda_{\mathrm{G}}}\frac{\lambda^m}{(m-1)!}\sum_{k=0}^{\lfloor a \rfloor}\frac{\lambda_{\mathrm{G}}^k}{k!}\int_k^a\mathrm{e}^{-\lambda(x-k)}(x-k)^{m-1}\frac{1}{x}\mathrm{d}x
\end{aligned}
\tag{6.15}
$$

其中，积分项可以计算如下：

$$\text{Integral} = \int_{k}^{a} \mathrm{e}^{-\lambda(x-k)}(x-k)^{m-1}\frac{1}{x}\mathrm{d}x = \int_{0}^{a-k}\mathrm{e}^{-\lambda t}t^{m-1}\frac{1}{t+k}\mathrm{d}t$$

$$\xrightarrow{u=a-k}\int_{0}^{u}\mathrm{e}^{-\lambda t}t^{m-1}\frac{1}{t+k}\mathrm{d}t \qquad (6.16)$$

$$= \int_{0}^{\infty}\mathrm{e}^{-\lambda t}t^{m-1}\frac{1}{t+k}\mathrm{d}t - \int_{u}^{\infty}\mathrm{e}^{-\lambda t}t^{m-1}\frac{1}{t+k}\mathrm{d}t$$

$$= I_1 - I_2$$

其中，I_1 和 I_2 可以计算为

$$I_1 = \int_{0}^{\infty}\mathrm{e}^{-\lambda t}t^{m-1}\frac{1}{t+k}\mathrm{d}t$$

$$= (-1)^{m-2}k^{m-1}\mathrm{e}^{\lambda k}Ei(-\lambda k) + \sum_{i=1}^{m-1}(i-1)!(-k)^{m-1-i}\lambda^{-i}$$

$$I_2 = \int_{u}^{\infty}\mathrm{e}^{-\lambda t}t^{m-1}\frac{1}{t+k}\mathrm{d}t = \int_{u+k}^{\infty}\mathrm{e}^{-\lambda(s-k)}(s-k)^{m-1}\frac{1}{s}\mathrm{d}s$$

$$= \int_{b}^{\infty}\mathrm{e}^{\lambda k}\mathrm{e}^{-\lambda s}(s-b+b-k)^{m-1}\frac{1}{s}\mathrm{d}s \qquad (6.17)$$

$$= \mathrm{e}^{\lambda k}\sum_{j=0}^{m-1}C_{m-1}^{j}(b-k)^{j}\int_{b}^{\infty}\mathrm{e}^{-\lambda s}(s-b)^{m-1-j}\frac{1}{s}\mathrm{d}s$$

其中，$\int_{b}^{\infty}\mathrm{e}^{-\lambda s}(s-b)^{m-1-j}\frac{1}{s}\mathrm{d}s$ 可以通过式 (3.8) 和式 (3.9) 计算获得[128]，从而可以得到 I_2 为

$$I_2 = \mathrm{e}^{\lambda k}\sum_{j=0}^{m-1}C_{m-1}^{j}(a-k)^{j}a^{m-1-j}\Gamma(m-j)\Gamma[-(m-1-j),\lambda a] \qquad (6.18)$$

由此可以得到推论 6.2，即 MU-MIMO 发送模式下，所提 TLNAV 方案带来的吞吐量增益的概率密度函数。

定理 6.4　MU-MIMO 发送模式下，TLNAV 方案带来的吞吐量增益的概率密度函数为

$$f_{\mathrm{MU\_gains}}(x) = \mathrm{e}^{-\lambda_{\bar{N}}}\mathrm{e}^{-\lambda_{\mathrm{G}}}\frac{\lambda^{m}}{(m-1)!}\cdot$$

$$\sum_{l=0}^{\lfloor x(t-\Delta)\rfloor}\sum_{k=0}^{\lfloor t-\Delta-l/x\rfloor}\frac{\lambda_{\bar{N}}^{l}}{l!}\frac{l}{x}\frac{\lambda_{\mathrm{G}}^{k}}{k!}\mathrm{e}^{-\lambda\left(t-\Delta-\frac{l\lambda_s}{x}-k\right)}\left(t-\Delta-\frac{l\lambda_s}{x}-k\right)^{m-1} \qquad (6.19)$$

由此可知，在 MU-MIMO 发送模式下，TLNAV 方案带来的吞吐量增益与

MU-MIMO 服务站点的业务到达参数 λ_u，帧数 m 和 $\bar{N}$ 等参数之间的解析关系。同时还可获得 Mu-MIMO 发送模式下所提 TLNAV 方案带来的吞吐量增益的期望，如推论 6.2。

推论 6.2　MU-MIMO 发送模式下，所提方案带来的吞吐量增益的期望为

$$E_{\text{MU\_gains}} = e^{-\lambda_G} \frac{\lambda^m}{(m-1)!} \sum_{k=0}^{\lfloor t-\Delta \rfloor} \frac{\lambda_G^k}{k!}(I_1 - I_2) \tag{6.20}$$

其中，

$$I_1 = (-1)^{m-2} k^{m-1} e^{\lambda k} Ei(-\lambda k) + \sum_{i=1}^{m-1}(i-1)!(-k)^{m-1-i}\lambda^{-i}$$

$$I_2 = e^{\lambda k} \sum_{j=0}^{m-1} C_{m-1}^j (t-\Delta-k)^j (t-\Delta)^{m-1-j} \cdot \Gamma(m-j)\Gamma\left[-(m-1-j),\lambda(t-\Delta)\right]$$

下面通过仿真验证本章的分析和所提方案的有效性以及理论分析的正确性。

6.5　仿真与分析

首先给出 VHT WLAN 的基本参数设置如表 6.1 和表 6.2 所示。

表 6.1　VHT WLAN 仿真参数设置　　　　　（单位：μs）

名称	Slot	SIFS	DIFS	PIFS	BA	BAR	RTS	CTS
代价	9	16	34	25	60	52	48	40

表 6.2　VHT WLAN 仿真参数设置　　　　　（单位：μs）

AC	CWmin	CWmax	AIFSN	TXOP limit
AC_BK	31	1023	7	0
AC_BE	31	1023	3	0
AC_VI	15	31	2	3008
AC_VO	7	15	2	1054
legacy	15	1023	2	0

图 6.5 是 SU-MIMO 发送模式下剩余时长 PDF 曲线的理论值和仿真值的性能对比。从图中可以看到，随着发送帧数的增加，剩余时长逐渐降低，证明了理论分析的正确性。图 6.6 是 MU-MIMO 发送模式下剩余时长 PDF 曲线的理论值和仿真值的性能对比。从图中可以看到，随着 MU-MIMO 组内用户数目的增加以及发送帧数的增加，剩余时长逐渐降低，这是由于用户数目的增加，需要发送端 AP 的轮询次数增多，并且发送帧数的增加会消耗更多的 TXOP 剩余时长，从而验证了多用户发送模式下剩余时长理论分析的正确性。

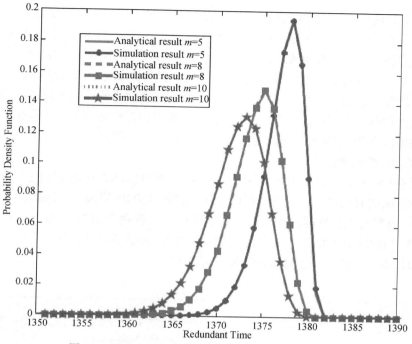

图 6.5　SU-MIMO 模式下吞吐量增益性能 PDF 曲线

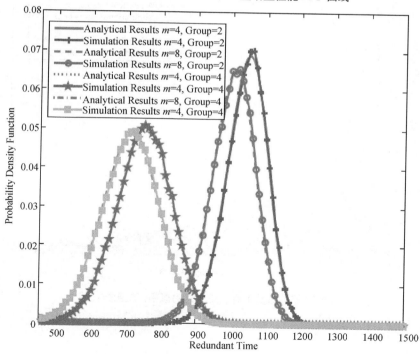

图 6.6　MU-MIMO 模式下吞吐量增益性能 PDF 曲线

　　需要说明的是，仿真结果中的参数 N 表示所提方案可释放网络分配矢量的站点数目，即 $\overline{N}$。图 6.7 给出了 SU-MIMO 发送模式下所提 TLNAV 方案带来的吞吐量增益的概率密度函数曲线，从图中可以看到所提 TLNAV 方案的吞吐量增益的曲线与常见的概率密度函数曲线不同，这是因为常见的概率密度函数是基于连续变量的分布计算得来的，而业务到达服从的泊松分布是离散型的，从而导致与常见的概率密度函数曲线有所不同。图 6.8 是所提方案带来的吞吐量增益期望的变化情况，从图中可以看到，随着可清除 NAV 站点数目的增多，所提 TLNAV 方案带来的吞吐量增益就越来越明显。

　　图 6.9 给出了随着 TXOP 剩余时长的增加所提 TLNAV 方案和传统机制在吞吐量性能方面的对比结果。从图中可以看到，随着 TXOP 剩余时长的增加，所提的 TLNAV 方案与现有机制的吞吐量差距。图 6.10 是在两个 BSS 场景下，对比本书所提的 TLNAV 和 UBT 方案与传统机制的性能。从图中可以看到，随着剩余时长的增加，本书所提方案明显高于传统机制。

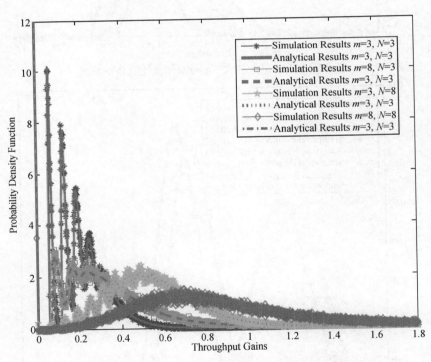

图 6.7　不同参数下吞吐量增益的概率密度函数曲线

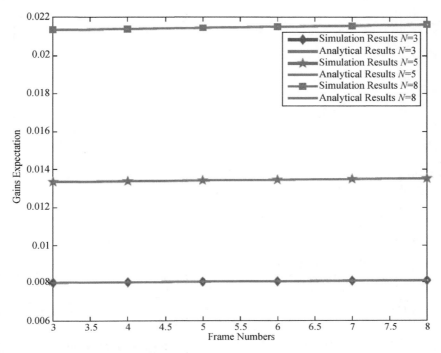

图 6.8　释放站点数目 N 不同时吞吐量增益的期望

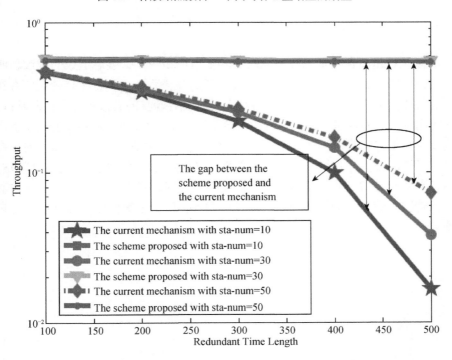

图 6.9　基于 TLNAV 方案下所提方案与传统方案的吞吐量性能对比

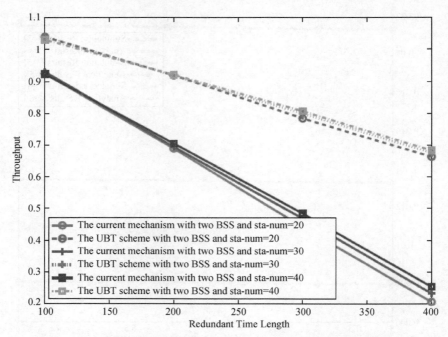

图 6.10　基于 TLNAV 方案和 UBT 方案下所提方案和传统方案性能对比

6.6　小　　结

　　本章针对超高吞吐量无线局域网引入多用户和带宽扩展后造成的载波侦听机制呈现的一些问题，提出了 TLNAV 方案。该方案不仅有效解决了传统机制存在的问题而且在实际应用中简单易行，并能获得系统吞吐量的有效提升。在此基础上，本章提出了超高吞吐量无线局域网的不等带宽发送方案。该方案不仅解决了多用户模式发送时带宽的浪费问题，而且获得了系统吞吐量的进一步提高。本章对所提方案进行了性能分析，获得了所提方案在单用户和多用户发送模式下的吞吐量增益。最后，本章通过仿真验证了所提方案的有效性以及理论分析的正确性。从仿真结果可以看到，随着传输机会内剩余时长的增加，所提方案能获得显著的吞吐量性能增益。

第 7 章 Small cell 协作传输方案及其性能分析

7.1 概　　述

从 2010 年至今，智能电话等移动业务数据量的幅度增加已经高达 3 倍。面对如此快速增长的巨大业务量，传统的蜂窝网络已经无法承载这么大的传输系统，增加热点的覆盖密度是解决该问题的一项有效措施。然而，城市的建筑物比较密集，因此热点的覆盖难度将是首要解决的问题，所以体积小、重量轻，并且可以满足快速灵活部署的，而且能耗较小，可以实现低成本部署，能够将热点区域内的投资尽快回收，微基站则发挥着举足轻重的作用，因此，Small cell 的出现为这一难题提供了新的出路。Small cell 网络融合了 Femto cell、Pico cell、Micro cell 以及分布式无线覆盖技术，不仅在短距离范围内具有很高的吞吐量，而且能与传统的蜂窝网络协议堆栈的各个子层进行无缝的交互和覆盖[155,156]。Small cell 技术最早是从 Stocker 提出的简单的小区分裂概念中发展而来的[70]。由于 Small cell 网络能更好地满足移动数据传输的要求，因此近年来 Small cell 网络逐渐成为学者和生产商的热点话题。

Claussen 等与贝尔实验室一起在 2007 年对 Small cell 网络进行了系统性的仿真研究。Chandrasekhar 等采用 Andrews 等的系统模型和方法推导了在每个子层中断概率约束下 Femto cell 可以同时进行发送的天线数目[157,158]。Choi 等提出了自适应的接入控制策略以减轻跨层传输的干扰问题[159]，之后 Lopez 等对该问题进行了深入的研究[160]。Simeone 等对移动性管理和接入控制问题进行了深入研究，并得出接入控制可以作为一种有效的干扰避免方法[161,162]。Sahin 等提出了频率调度策略用于处理 OFDMA 的 Femto cell 网络的同信道干扰问题[163]。Ali 等对瑞利信道下干扰服从泊松分布的最优合并策略进行了性能分析[164]。

Mukherjee 等提出了一些 Small cell 网络下功率消耗的解析模型，每种类型都有不同的方法来降低功率消耗[165]。Guan 等讨论了两层 Femto cell 网络上行链路下如何通过功率控制进行干扰的抑制，并给出了接入控制下的分布式功率控制算法[166]。Du 等讨论了 Femto cell 在 Starhub、Vodefone 以及中国电信的业务模型，并将 Femto cell 与其他广泛使用的网络技术进行了对比研究[167]。Yun 等提出了密集 Femto cell 网络的一种分布式的 Femto cell 接入调度方案[168]。Namgeol 等研究了嵌入分层小区结构后干扰对 Femto cell 系统性能的影响[169]。Das 和 Ramaswamy 等将小区间干扰建模为高斯随机变量，并研究了 Femto cell 网络上行链路的容量[170]。然而，在实际的蜂窝网络中，多小区之间的干扰远不是高斯分布如此简单，而且 Femto 网络的性能由于受到来自其他宏小区基站的同信道干扰而严重降低[171]。如何利用相关的干扰模型来表征 Small cell 网络的性能仍是一个亟待解决的问题，因此本章对 Small cell 网络在受到来自不同宏小区基站的同信道干扰时的性能进行分析和研究。

7.2　系统模型

本章考虑如图 7.1 所示的系统模型，其中整个网络中宏小区基站的位置服从密度为 λ_{BS} 的泊松点过程[155]，Small cell 基站和用户数目均为随机分布[91,172]，单个 Small cell 内的用户数目为 n。开放式接入模式可以更大程度地提高网络的容量，因此本章系统模型中 Small cell 采用开放式接入模式。Kang 等在 2012 年 JSAC 中指出下行通信过程中，采用相对稀疏分布的 Small cell，其小区内用户主要受到来自宏小区基站的干扰[173]，Andrews 等指出该系统模型是比较准确的[156]，Urgaonkar 等也对该假定进行了更深入的分析和研究[174]。他们之所以考虑 Small cell 用户受到的干扰主要来自宏小区基站，是因为 Small cell 基站的发送功率较低（表 7.1[175]），在经过大尺度衰落和阴影衰落之后，对相邻 Small cell 的干扰就更低了，并且协议标准规定距离较近的 Small cell 基站使用的频段是相互正交的，因此对于 Small cell 而言，来自相邻 Small cell 的干扰相对于来自宏小区基站的干扰是可以忽略的。

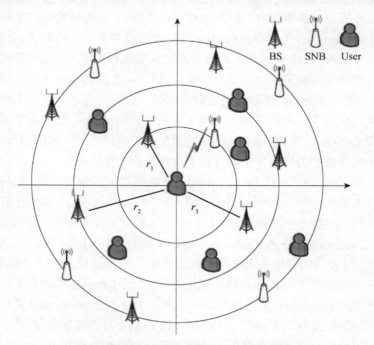

图 7.1　聚合干扰下 Small cell 的系统模型

表 7.1　Small cell 与 Macro cell 参数对比

小区类型	范围	容纳人数	最大半径	最大功率	带宽	频谱号
Femto cell	室内	4~16	0.01km	20dBm	10MHz	1、3、7、34、38
Pico cell	室内/室外	32~100	0.2km	24dBm	20MHz	1、3、7、34、40
Macro cell	室外	200~1000	10km	50dBm	60~75MHz	1、2、3、5、6、8、7

若宏小区基站、SNB 和用户终端的天线数分别为 $N_t \in [1,\cdots,\infty]$，$M \in [1,\cdots,\infty]$ 和 1。Small cell 基站下行 MIMO 广播的信号矢量为 $\boldsymbol{u} = \left[u^1,\cdots,u^n \right]$，其中上标 n 是用户数。假定发送符号 $u^k \, (k=1,\cdots,n)$ 用同一调制方式并且满足 $E\left(\left| u^k \right|^2 \right) = 1$。发送之前，Small cell 基站通过线性预编码 $\boldsymbol{W}$（大小为 $M \times n$）进行处理。

由于发送信号矢量 $\boldsymbol{x}$ 可以表示为 $\boldsymbol{x} = \frac{\boldsymbol{Wu}}{\sqrt{\xi}}$，其中 ξ 是功率归一化因子 $\xi = \|\boldsymbol{Wu}\|^2 = \boldsymbol{u}^{\mathrm{H}} \boldsymbol{W}^{\mathrm{H}} \boldsymbol{Wu}$，并且发送信号矢量 $\boldsymbol{x}$ 满足功率约束 $E\left(\boldsymbol{xx}^{\mathrm{H}} \right) = 1$。因此第 k 个用户的接收信号 y_k 可以表示为

$$y_k = \frac{1}{\sqrt{\xi}} \boldsymbol{h}_k \boldsymbol{W} u_k + n_k \tag{7.1}$$

其中，$\boldsymbol{h}_k$ 表示用户 k 到 Small cell 基站的信道向量，$\boldsymbol{h}_k$ 的每个元素都服从 Nakagami-m 分布；n_k 表示方差为 N_0 的复高斯噪声。

如果 Small cell 基站采用迫零预编码进行信号的发送，那么预编码矩阵 $\boldsymbol{W} = \boldsymbol{h}_k^{\dagger} = \boldsymbol{h}_k^{\mathrm{H}} \left(\boldsymbol{h}_k \boldsymbol{h}_k^{\mathrm{H}} \right)^{-1}$，则功率归一化因子 $\xi = \left\| \boldsymbol{h}_k^{\dagger} u_k \right\|^2 = \boldsymbol{u}_k^{\mathrm{H}} \left(\boldsymbol{h}_k \boldsymbol{h}_k^{\mathrm{H}} \right)^{-1} \boldsymbol{u}_k$，第 k 个用户的检测信干噪比 SINR 可以表示为

$$\varsigma_k = \frac{1}{N_0 \cdot \xi} = \frac{1}{N_0 \cdot \boldsymbol{u}_k^{\mathrm{H}} \left(\boldsymbol{h}_k \boldsymbol{h}_k^{\mathrm{H}} \right)^{-1} \boldsymbol{u}_k} \tag{7.2}$$

为了分析 Small cell 中用户的普遍性，现在对第 k 个用户进行分析，那么第 k 个用户信号功率的概率密度函数可以表示为

$$f_{\varsigma_k}(x) = \frac{1}{\mathrm{B}(M-n+1,n)} \cdot \frac{x^{M-n}}{(1+x)^{M+1}} \tag{7.3}$$

其中，$\mathrm{B}(M-n+1,n)$ 是 Beta 函数，并且有 $\mathrm{B}(M-n+1,n) = \frac{\Gamma(M-n+1) \cdot \Gamma(n)}{\Gamma(M+1)}$，从而可以得到第 k 个用户的信号功率的累积分布函数为

$$F_{\varsigma_k}(x) = \frac{x^{-n}}{\mathrm{B}(M-n,n)} \cdot {}_2F_1(M+1,n;n+1;-1/x) \tag{7.4}$$

其中，${}_2F_1(\cdot)$ 是高斯超几何函数。

当路径损耗系数 $\sigma_{\mathrm{r}} = 4$ 时，聚合干扰的解析概率密度函数表达式[176]可以表示为

$$f_{\mathrm{RI}}(y) = \sqrt{\gamma^2/(2\pi)} \cdot \frac{\mathrm{e}^{-\gamma^2/2y}}{y^{3/2}}, \quad y > 0 \tag{7.5}$$

其中，参数 γ 为

$$\gamma = \lambda_{\mathrm{BS}}\sqrt{2\pi}\Gamma\left(\frac{3}{2}\right)\left(\frac{m\lambda_{\mathrm{a}}}{\Omega}\right)^{-\tilde{\alpha}}\frac{\Gamma\left(\lambda_{\mathrm{a}}+\frac{1}{2}\right)\Gamma\left(N_{\mathrm{t}}m+\frac{1}{2}\right)}{\Gamma(N_{\mathrm{t}}m)\Gamma(\lambda_{\mathrm{a}})} \tag{7.6}$$

而 $\Omega = P_{\mathrm{r}}\sqrt{(\lambda+1)\lambda}$，$\lambda = 1/\left[e^{(\sigma_{\mathrm{dB}}/8.686)^2}-1\right]$，$\sigma_{\mathrm{dB}}$ 是分布形式的阴影传播参数，其范围为 4～9，P_{r} 是接收端的平均接收功率[173,179]。

通过变量代换 $t = 1/\sqrt{y}$，并经过一系列数学运算，可以得到聚合干扰 RI 的累积分布函数为

$$F_{\mathrm{RI}}(y) = 1 - \frac{1}{2}\mathrm{erf}\left(\frac{\gamma}{\sqrt{2y}}\right) \tag{7.7}$$

综上所述，第 k 个用户接收端的信干噪比可以表示为

$$\mathrm{SINR} = \frac{x}{y + N_0} \tag{7.8}$$

其中，x、y、N_0 分别是发送信号功率、聚合干扰能量和噪声方差。

图 7.1 可以看到，在较多的宏小区基站和 Small cell 基站存在的情况下，用户接入到哪个发送端对系统性能的影响是很大的,因此本章考虑如图 7.2 所示的场景,即在一个以宏小区为中心的范围内，多个 Small cell 基站随机分布的系统模型，用户如何选择来接入宏小区基站或者 Small cell 基站。由于 Andrews 等分析 Small cell 用户受到的干扰主要来自宏基站，因此本章主要考虑用户与宏基站和 Small cell 基站之间的接入选择问题。

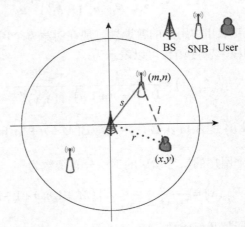

图 7.2　Small cell 网络中用户的接入模型

将 Small cell 基站(Small cell Base Station)记作 SNB，假定 SNB 的坐标为 $(\hat{m},\hat{n})$，用户位置服从密度为 λ_u 的泊松点过程并且其坐标为 $(\hat{x},\hat{y})$。Small cell 基站与用户的距离可以表示为

$$l=\sqrt{(\hat{x}-\hat{m})^2+(\hat{y}-\hat{n})^2} \tag{7.9}$$

下面先对 Small cell 的协作传输在聚合干扰影响下的性能进行分析和研究，然后提出一种大尺度衰落下基于能效的 Small cell 用户接入机制。

7.3　聚合干扰下 Small cell 中用户的性能分析

7.3.1　中断概率

由于 Small cell 网络是一种干扰受限网络，而且白噪声相对于聚合干扰对第 k 个用户的影响是可以忽略的，因此采用如 Chen 等的研究模型，即忽略白噪声的影响[179]。那么第 k 个用户的信干噪比可以简化为 $\mathrm{SIR}=\dfrac{x}{y}$，其中 x 和 y 分别是发送信号的功率和聚合干扰的能量。

由于 x 和 y 是统计独立的，因此信干比 SIR 的概率密度函数的计算可以通过雅可比变换得出[23]：

$$\begin{aligned}f_{\mathrm{SIR}}(\eta)&=\int_0^\infty f(y)f_x(\eta y)y\mathrm{d}y\\&=\sqrt{\frac{\gamma^2}{2\pi}}\cdot\frac{n\cdot\eta^{M-n}}{\mathrm{B}(M-n+1,n)}\int_0^\infty \mathrm{e}^{-\frac{\gamma^2}{2y}}y^{M-n-\frac{1}{2}}\left(1+\eta y\right)^{-M-1}\mathrm{d}y\end{aligned} \tag{7.10}$$

通过一些数学运算，可以得到信干比的概率密度函数表达式为[128]

$$f_{\mathrm{SIR}}(\eta)=\frac{n}{\mathrm{B}(M-n+1,n)\sqrt{\pi}}\left(\frac{\gamma^2}{2P_0}\right)^{\frac{M-n+1/2}{2}}\eta^{\frac{M-n-3/2}{2}}\cdot \mathrm{e}^{\frac{\gamma^2}{4P_0}\eta}W_{\rho,\mu}\left(\frac{\gamma^2\eta}{2p_0}\right) \tag{7.11}$$

P_0 是 Small cell 基站的发送功率；$W_{\rho,\mu}(\cdot)$ 是 Whittaker 函数[128]，可以表示为

$$W_{\rho,\mu}(z)=\frac{\mathrm{e}^{-\frac{z}{2}}}{2\pi i}\int_{-i\infty}^{i\infty}\frac{\Gamma(u-\rho)\Gamma\left(-u-\mu+\frac{1}{2}\right)\Gamma\left(-u+\mu+\frac{1}{2}\right)}{\Gamma\left(-\rho+\mu+\frac{1}{2}\right)\Gamma\left(-\rho-\mu+\frac{1}{2}\right)}z^u\mathrm{d}u \tag{7.12}$$

其中，参数 ρ 和 μ 分别为 $\rho=-\dfrac{M+n+1/2}{2}$，$\mu=-\dfrac{M-n+1/2}{2}$。

利用 Whittaker 函数的性质，可以将 $W_{\rho,\mu}(\cdot)$ 表示为两个 Whittaker 函数之和，即

$$W_{\rho,\mu}(z)=\frac{\Gamma(-2\mu)}{\Gamma\left(\frac{1}{2}-\mu-\rho\right)}M_{\rho,\mu}(z)+\frac{\Gamma(2\mu)}{\Gamma\left(\frac{1}{2}+\mu-\rho\right)}M_{\rho,-\mu}(z) \tag{7.13}$$

其中，$M_{\rho,\mu}(z) = z^{\mu+\frac{1}{2}} e^{-z/2} \Phi\left(\mu - \lambda + \frac{1}{2}, 2\mu + 1; z\right)$，$\Phi(\cdot,\cdot;z)$ 是合流超几何函数。

从而信干比的概率密度函数可以表示为

$$f_{\text{SIR}}(\eta) = \frac{n}{\text{B}(M-n+1,n)\sqrt{n}} \left(\frac{\gamma^2}{2P_0}\right)^{\frac{M-n+1/2}{2}} \eta^{\frac{M-n+3/2}{2}} \cdot e^{\frac{\gamma^2}{4P_0}} \left\{ a M_{\rho,\mu}(z) + b M_{\rho,-m\mu}(z) \right\}$$

$$(7.14)$$

因此通过信干比的概率密度函数，可以计算得到第 k 个用户与 Small cell 基站之间链路的中断概率解析表达式，如定理 7.1 所示。

定理 7.1　当中断门限为 η_{th} 时，第 k 个用户与 Small cell 基站之间链路的中断概率解析表达式为

$$P_{\text{out}} = A \cdot \eta_{\text{th}}^{\frac{1}{2}} \cdot {}_2F_2\left(n+\frac{1}{2}, \frac{1}{2}; n-M+\frac{1}{2}, \frac{3}{2}; \frac{\gamma^2 \eta_{\text{th}}}{2P_0}\right) + \tilde{A} \cdot \eta_{\text{th}}^{\frac{M-n+1}{2}} \cdot$$

$$(7.15)$$

$${}_2F_2\left(M+\frac{1}{2}, M-n+1; M-n+\frac{3}{2}, M-n+2; \frac{\gamma^2 \eta_{th}}{2P_0}\right)$$

其中，${}_2F_2(a_1,a_2;b_1,b_2;x)$ 是超几何函数 ${}_pF_q(a_1,\cdots,a_p;b_1,\cdots,b_q;x)$ 的一类；A 和 $\tilde{A}$ 分别为

$$A = \frac{n \cdot \text{B}\left(1,\frac{1}{2}\right) \Gamma\left(M-n+\frac{1}{2}\right)}{\text{B}(M-n+1,n)\sqrt{\pi}M!} \cdot \left(\frac{\gamma^2}{2P_0}\right)^{\frac{1}{2}}$$

$$(7.16)$$

$$\tilde{A} = \frac{n \cdot \text{B}(1,M-n+1) \Gamma\left(-M+n+\frac{1}{2}\right)}{\text{B}(M-n+1,n)\sqrt{\pi}\Gamma\left(N+\frac{1}{2}\right)} \cdot \left(\frac{\gamma^2}{2P_0}\right)^{M-n+1}$$

由于合流超几何函数级数展开为

$$\Phi(\beta,\kappa;z) = 1 + \frac{\beta}{k}\frac{z}{1!} + \frac{\beta(\beta+1)}{k(k+1)}\frac{z^2}{2!} + \frac{\beta(\beta+1)(\beta+2)}{k(k+1)(k+2)}\frac{z^3}{3!} + \cdots \quad (7.17)$$

并且指数函数可以通过麦克劳林级数展开为 $e^z = 1 + i = 0^\infty \left(z^i/i!\right)$，所以我们可以看到，当 $z \to 0$ 时，e^z 和 $\Phi(\beta,k;z)$ 都趋近于 0，因此当发送功率较大时，可以得到第 k 个用户信干比的渐近概率密度函数表达式，即推论 7.1。

推论 7.1　当发送功率较大时，第 k 个用户信干比的渐近概率密度函数可以表示为

$$f_{\text{SIR}}(\eta) = \frac{\Gamma\left(M-n+\frac{1}{2}\right)}{\text{B}(M-n+1,n)\sqrt{\pi}M!}\left(\frac{\gamma^2}{2}\right)^{\frac{1}{2}}P_0^{-\frac{1}{2}}\eta^{-\frac{1}{2}}+o\left(\eta^{-\frac{1}{2}}\right)$$ (7.18)

7.3.2　误符号率

SEP 的定义式为 $P_{\text{s}}=\hat{u}Q\left(\sqrt{\hat{v}\gamma_{\text{s}}}\right)$[127]，其中 γ_{s} 表示接收信干比，$Q(x)=\frac{1}{2}\int_x^{\infty}\text{e}^{-t^2}\,\text{d}t$，$\hat{u}$ 和 $\hat{v}$ 表示不同的调制方式，如 $\hat{u}=4\left(1-\frac{1}{\sqrt{\hat{M}}}\right)$，$\hat{v}=\frac{3}{\hat{M}-1}$ 表示 $\hat{M}$ 进制的正交幅度调制；$\hat{M}\geqslant 4$，$\hat{u}=2$，$\hat{v}=2\sin^2\left(\frac{\pi}{\hat{M}}\right)$ 表示 $\hat{M}$ 进制的相移键控调制，而 $\hat{u}=1$，$\hat{v}=2$ 表示 BPSK。

首先给出第 k 个用户信干比的累积分布函数为

$$F_{\text{SIR}}(x) = A\cdot x^{\frac{1}{2}}\cdot {}_2F_2\left(n+\frac{1}{2},\frac{1}{2};n-M+\frac{1}{2},\frac{3}{2};\frac{\gamma^2 x}{2P_0}\right)+\tilde{A}\cdot x^{\frac{M-n+1}{2}}\cdot$$
$$ {}_2F_2\left(M+\frac{1}{2},M-n+1;M-n+\frac{3}{2},M-N+2;\frac{\gamma^2}{2P_0}\right)$$ (7.19)

因此通过 SEP 的定义式推导第 k 个用户的解析表达式为

$$
\begin{aligned}
P_{\text{s}} &= E\left[\tilde{u}Q\left(\sqrt{\tilde{v}\gamma_{\text{s}}}\right)\right]\\
&= \frac{\tilde{u}\sqrt{\tilde{v}}}{2\sqrt{2\pi}}\int_0^{\infty}\frac{\text{e}^{-\tilde{v}\gamma_{\text{s}}/2}F(\gamma_{\text{s}})}{\sqrt{\gamma_{\text{s}}}}\\
&= \frac{A\cdot\tilde{u}}{\sqrt{2\pi\tilde{v}}}\cdot {}_3F_2\left(1,n+\frac{1}{2},\frac{1}{2};n-M+\frac{1}{2},\frac{3}{2};\frac{\gamma^2}{\tilde{v}\cdot P_0}\right)\\
&\quad +\frac{\tilde{A}\cdot\tilde{u}\Gamma\left(M-N+\frac{3}{2}\right)\tilde{v}^{-M+n-1}}{2^{-M+n}\sqrt{\pi}}\cdot {}_2F_1\left(M+\frac{1}{2},M-n+1;M-n+2;\frac{\gamma^2}{\tilde{v}\cdot P_0}\right)
\end{aligned}
$$ (7.20)

其中，${}_3F_2(\bullet)$ 是超几何函数的一种情况。

同时，利用推论 7.1 可以得到 SEP 的渐近表达式 $P_{\text{SER}}=(G_{\text{c}}\times P_0)^{-G_{\text{d}}}$ 为

$$P_{\text{SER}}\approx\frac{\tilde{u}\cdot\text{B}\left(1,\frac{1}{2}\right)\cdot\Gamma\left(M-n+\frac{1}{2}\right)\cdot n}{\text{B}(M-n+1,n)\cdot\pi\sqrt{2\tilde{v}}\cdot M!}\cdot\left(\frac{\gamma^2}{2}\right)^{\frac{1}{2}}P_0^{-\frac{1}{2}}$$ (7.21)

因此可以得到 Small cell 中用户在聚合干扰下可获得的分集度 G_{d} 和阵列增益 G_{c} 为

$$G_{\text{d}}=\frac{1}{2}$$ (7.22)

$$G_{\mathrm{c}} = \left[\frac{\Gamma\left(M - n + \frac{1}{2}\right) \cdot n \cdot \sqrt{\dfrac{\gamma^2 \eta_{\mathrm{th}}}{2}}}{\mathrm{B}\left(M - n + 1, n\right) \sqrt{\pi} M!} \right]^{-2} \tag{7.23}$$

7.3.3　Small cell 第 k 个用户的容量

本小节分析 Small cell 中用户的容量。由于基本的香农容量公式为

$$C = \frac{w}{2} \int_0^\infty \log_2\left(1 + \eta\right) p\left(\eta\right) \mathrm{d}\eta \tag{7.24}$$

其中，$\log_2\left(\cdot\right)$ 是底数为 2 的对数函数；w 是 Small cell 用户的可用带宽；$p\left(\eta\right)$ 是用户接收信干比的概率密度函数。

由于 Small cell 用户容量的计算包含了 Whittaker 函数 $W_{\rho,\mu}\left(\cdot\right)$ 和对数函数，直接推导无法得到容量的闭合表达式，因此通过将对数函数转换为 Meijer's G 函数表示，其中 Meijer's G 函数的定义式为[128]

$$G_{pq}^{mn}\left(x \left| \begin{matrix} a_1, \cdots, a_p \\ b_1, \cdots, b_q \end{matrix} \right. \right) = \frac{1}{2\pi i} \int_0^\infty \frac{\displaystyle\prod_{j=1}^{m} \Gamma\left(b_j - s\right) \prod_{j=1}^{n} \Gamma\left(1 - a_j + s\right)}{\displaystyle\prod_{j=m+1}^{q} \Gamma\left(1 - b_j + s\right) \prod_{j=1}^{p} \Gamma\left(a_j - s\right)} \tag{7.25}$$

其中，$0 \leqslant m \leqslant q$；$0 \leqslant n \leqslant p$；$i = \sqrt{-1}$。

首先，对数函数可以表示为[177]

$$\ln\left(1 + \eta\right) = \eta \cdot {}_2F_2\left(1, 1; 2; -\eta\right) \tag{7.26}$$

其中，$\ln\left(\cdot\right)$ 表示自然对数。

然而高斯超几何函数与 Meijer's G 函数的关系为[176]

$$_2F_1\left(a, b; c; -\eta\right) = \frac{\Gamma(c) \cdot \eta}{\Gamma(a)\Gamma(b)} \cdot G_{22}^{12}\left(\eta \left| \begin{matrix} -a, & -b \\ -1, & -c \end{matrix} \right. \right) \tag{7.27}$$

因此可以得到第 k 个用户容量的解析表达式，如定理 7.2 所示。

定理 7.2　Small cell 网络中第 k 个用户在受到不同宏小区基站的聚合干扰的情况下，可获得的容量解析表达式为

$$C = \frac{b \cdot n \cdot \left(\dfrac{\gamma^2}{2P_0}\right)^{(-M+n-9/2)/2}}{2\sqrt{\pi}\ln 2 \cdot \mathrm{B}\left(M - n + 1, n\right) \cdot M! \Gamma\left(N + \tfrac{1}{2}\right)} \cdot$$

$$G_{43}^{23}\left(\frac{2P_0}{\gamma^2} \left| \begin{matrix} -3/2, & -M+N-2, & -1, & -1 \\ N-2, & -1, & -2, & \end{matrix} \right. \right) \tag{7.28}$$

其中，$M\,!$ 是对变量 M 的阶乘。

7.4　Small cell 网络中用户的接入机制

7.4.1　大尺度衰落下基于能效的接入机制

接入机制是 Small cell 网络的关键因素之一。由于 Small cell 基站的低功率消耗，将会被广泛部署，因此用户选择接入宏基站还是 Small cell 基站是提高 Small cell 网络性能的一个重要方面。本章提出一种大尺度衰落下基于能效的接入机制。

首先可以获得第 k 个用户的接收信号为

$$y_k = \frac{h_k u}{\sqrt{l^\alpha}} + n_k \tag{7.29}$$

其中，α 表示路径损耗指数，通常取值范围为 2~8；l 是用户和发送端之间的距离。假定用户与发送端之间的信道 h_k 的范数平方服从 Nakagami-m 分布，那么其概率密度函数可以表示为

$$f_{\|h_k\|^2}(x) = \frac{\beta^m}{\Gamma(m)} x^{m-1} \mathrm{e}^{-m} \tag{7.30}$$

其中，参数 $\beta = \dfrac{m}{\bar{\gamma}}$，$\bar{\gamma}$ 是链路的平均发送信噪比。

因此第 k 个用户到宏小区基站或者 Small cell 基站的检测信噪比可以表示为

$$\tilde{\gamma}_k^{\mathrm{BS,SNB}} = \frac{\left\|h_k^{\mathrm{BS,SNB}}\right\|^2}{l^\alpha} \tag{7.31}$$

其中，$\tilde{\gamma}_k^{\mathrm{BS}}$ 和 $\tilde{\gamma}_k^{\mathrm{SNB}}$ 分别表示第 k 个用户到宏小区基站和 Small cell 基站的检测信噪比。由于能效的定义表达式为 $E_k = \frac{1}{2}\log_2(1 + P_0\tilde{\gamma}_k)\big/(P_0 + P_c)$，其中，$P_0$ 是发送端的发送功率，P_c 是电路的功率消耗。基于这些测度参数可以得到大尺度衰落下基于最大化能效的用户接入机制为

$$\hat{i} = \max\left\{E_{\tilde{\gamma}_k^{\mathrm{BS}}}, E_{\tilde{\gamma}_K^{\mathrm{SNB}}}\right\} \tag{7.32}$$

其中，$E_{\tilde{\gamma}_k^{\mathrm{BS}}}$ 和 $E_{\tilde{\gamma}_K^{\mathrm{SNB}}}$ 分别表示第 k 个用户到宏小区基站和 Small cell 基站的能效。

7.4.2　所提接入机制的性能分析

首先将 Small cell 基站和用户的直角坐标形式转化为极坐标形式为

$$\hat{x} = r \cdot \cos\theta, \quad \hat{y} = r \cdot \cos\theta$$
$$\hat{m} = s \cdot \cos\phi, \quad \hat{n} = s \cdot \cos\phi \tag{7.33}$$

那么第 k 个用户到 Small cell 基站的距离可以表示为

$$l = \sqrt{r^2 + s^2 - 2sr\cos(\theta + \phi)} \tag{7.34}$$

假定相位角度 θ 和 ϕ 服从均匀分布，且范围是 $0 \sim 2\pi$，那么 $\cos(\theta + \phi)$（用 t 表示）的概率密度函数可以通过一些数学运算得到：

$$f(t) = \frac{1}{\pi\sqrt{1 - t^2}} \tag{7.35}$$

由于第 k 个用户和 SNB 之间的距离可以表示为

$$l = \sqrt{r^2 + s^2 - 2srt} \tag{7.36}$$

其中，$t = \cos(\theta + \phi)$。因此可以将大尺度因子 l^α 和 r 分别用 d 和 w 表示为

$$\begin{cases} d = r^2 + s^2 - 2srt \\ w = r \end{cases} \tag{7.37}$$

其中，l^α 与 r 和 d 与 w 之间的雅可比变换可以求出[23]：

$$J = \det\begin{pmatrix} \dfrac{\partial r}{\partial w} & \dfrac{\partial t}{\partial w} \\[2mm] \dfrac{\partial r}{\partial d} & \dfrac{\partial t}{\partial d} \end{pmatrix} = \left| \frac{1}{2sw} \right| \tag{7.38}$$

因此，利用雅可比变换可以得到 r 和的联合概率密度函数 $p(r,t)$ 为

$$p(r,t) = p(d,w)J \tag{7.39}$$

从而通过一定的数学运算可以得到第 k 个用户到 SNB 的大尺度衰落因子 l^α 的概率密度函数如定理 7.3 所示。

定理 7.3　第 k 个用户到 Small cell 基站的大尺度因子 l^α 的概率密度函数为

$$f_{l^\alpha}(x) = \int_0^\infty \frac{\lambda_u^w e^{-\lambda_u}}{w!} \delta(w - k) \frac{1}{\pi\sqrt{1 - \left(\dfrac{w^2 + s^2 - x}{2sw}\right)^2}} \frac{1}{2sw} \mathrm{d}w$$

$$= \sum_{k=\lceil -s+\sqrt{x} \rceil}^{\lfloor s+\sqrt{x} \rfloor} \frac{1}{\pi} \frac{\lambda_u^k e^{-\lambda_u}}{k!} \frac{1}{\sqrt{4s^2 k^2 - \left(k^2 + s^2 - x\right)^2}} \tag{7.40}$$

其中，$\lceil \cdot \rceil$ 和 $\lfloor \cdot \rfloor$ 分别表示向上和向下取整。

基于定理 7.3 可以获得 l^α 的期望为

$$
\begin{aligned}
E_{l^\alpha}(x) &= \int_0^\infty x \cdot f_{l^\alpha}(x)\,\mathrm{d}x \\
&= \sum_{k=\left\lceil -s+\sqrt{x}\right\rceil}^{\left\lfloor s+\sqrt{x}\right\rfloor} \int_0^\infty \frac{\lambda^k \mathrm{e}^{-\lambda}}{\pi k!} x \cdot \left[x-(k-s)^2\right]^{-\frac{1}{2}}\left[(k+s)^2-x\right]^{-\frac{1}{2}}\,\mathrm{d}x \\
&= \sum_{k=\left\lceil -s+\sqrt{j}\right\rceil}^{\left\lfloor s+\sqrt{j}\right\rfloor} \sum_{j+s+1}^{(k+s)^2} \int_{j^2-(k-s)^2}^{(j+1)^2-(k-s)^2} \frac{\lambda^k \mathrm{e}^{-\lambda}\left[t+(k-s)^2\right]}{\pi k!\, t^{\frac{1}{2}}(4sk-t)^{\frac{1}{2}}}\,\mathrm{d}x \\
&= \sum_{k=\left\lceil -s+\sqrt{j}\right\rceil}^{\left\lfloor s+\sqrt{j}\right\rfloor} \sum_{j+s+1}^{(k+s)^2}(I_1+I_2)
\end{aligned} \tag{7.41}
$$

其中，I_1 和 I_2 分别为

$$
\begin{aligned}
I_1 &= \int_{j^2-(k-s)^2}^{(j+1)^2-(k-s)^2} \frac{\lambda^k \mathrm{e}^{-\lambda} t^{\frac{1}{2}}}{\pi k!\, 2\sqrt{sk}\left(1-\dfrac{t}{4sk}\right)^{\frac{1}{2}}} \\
I_2 &= \int_{j^2-(k-s)^2}^{(j+1)^2-(k-s)^2} \frac{\lambda^k \mathrm{e}^{-\lambda}(k-s)^2}{\pi k!\, 2\sqrt{sk}\, t^{\frac{1}{2}}\left(1-\dfrac{t}{4sk}\right)^{\frac{1}{2}}}
\end{aligned} \tag{7.42}
$$

因此可以获得 $\tilde{\gamma}_k^{\mathrm{BS}}$ 的概率密度函数为

$$
f_{\tilde{\gamma}_k^{\mathrm{BS}}}(x) = \frac{(D_{\mathrm{BS}}\beta_{\mathrm{SNB}})^{m_{\mathrm{BS}}}}{\Gamma(m_{\mathrm{BS}})} x^{m_{\mathrm{BS}}-1}\mathrm{e}^{-\beta_{\mathrm{BS}}D_{\mathrm{BS}}x} \tag{7.43}
$$

其中，D_{BS} 表示第 k 个用户宏小区基站的大尺度因子的期望值；m_{BS} 是第 k 个用户与宏小区基站之间信道的 Nakagami 衰落参数；$\beta_{\mathrm{SNB}}=\frac{m_{\mathrm{SNR}}}{\bar{\gamma}_{\mathrm{SNB}}}$；$\beta_{\mathrm{BS}}=\frac{m_{\mathrm{BS}}}{\bar{\gamma}_{\mathrm{BS}}}$。

因此 $\tilde{\gamma}_k^{\mathrm{BS}}$ 和 $\tilde{\gamma}_k^{\mathrm{SNB}}$ 的累积分布函数可以表示为

$$
\begin{aligned}
F_{\tilde{\gamma}_k^{\mathrm{BS}}}(x) &= 1-\frac{\Gamma(m_{\mathrm{BS}},\beta_{\mathrm{BS}}\cdot D_{\mathrm{BS}}\cdot x)}{\Gamma(m_{\mathrm{BS}})} \\
F_{\tilde{\gamma}_k^{\mathrm{SNB}}}(x) &= 1-\frac{\Gamma(m_{\mathrm{SNB}},\beta_{\mathrm{SNB}}\cdot D_{\mathrm{SNB}}\cdot x)}{\Gamma(m_{\mathrm{SNB}})}
\end{aligned} \tag{7.44}
$$

其中，D_{SNB} 表示第 k 个用户与 Small cell 基站的大尺度衰落因子的期望值；m_{SNB} 是第 k 个用户与宏小区基站之间信道的 Nakagami 衰落参数。

基于以上结论，可以获得大尺度衰落下基于能效最大化的用户接入机制 $\hat{i}$ 的累积分布函数为

$$F_{\hat{i}}(x) = \left\{ 1 - \frac{1}{\Gamma(m_{\mathrm{BS}})} \cdot \Gamma\left[m_{\mathrm{BS}}, \frac{2^{(P_{\mathrm{BS}}+P_{\mathrm{c}})2x}-1}{\beta_{\mathrm{BS}}^{-1}D_{\mathrm{BS}}^{-1}P_{\mathrm{BS}}} \right] \right\}$$
$$\left\{ 1 - \frac{1}{\Gamma(m_{\mathrm{SNB}})} \cdot \Gamma\left[m_{\mathrm{SNB}}, \frac{2^{(P_{\mathrm{SNB}}+P_{\mathrm{c}})2x}-1}{\beta_{\mathrm{SNB}}^{-1}D_{\mathrm{SNB}}^{-1}P_{\mathrm{SNB}}} \right] \right\} \tag{7.45}$$

如果当发送端采用线性的迫零预编码时，大尺度衰落下基于能效最大化的接入机制 $\hat{i}$ 的累积分布函数可以表示为

$$F_{\hat{i}}(x) = \left(\frac{D_{\mathrm{BS}}D_{\mathrm{SNB}}}{P_{\mathrm{BS}}P_{\mathrm{SNB}}} \right)^{-n} \frac{\left[\left(2^{2x(P_{\mathrm{BS}}+P_{\mathrm{c}})}-1 \right)\left(2^{2x(P_{\mathrm{SNB}}+P_{\mathrm{c}})}-1 \right) \right]^{-n}}{\mathrm{B}(N_{\mathrm{t}}-n,n)\mathrm{B}(M-n,n)} \cdot$$
$${}_2F_1\left\{ N_{\mathrm{t}}+1,n;n+1;-D_{\mathrm{BS}}P_{\mathrm{BS}}\Big/ \left[2^{2x(P_{\mathrm{BS}}+P_{\mathrm{c}})}-1 \right] \right\}$$
$${}_2F_1\left\{ M+1,n;n+1;-D_{\mathrm{SNB}}P_{\mathrm{SNB}}\Big/ \left[2^{2x(P_{\mathrm{SNB}}+P_{\mathrm{c}})}-1 \right] \right\} \tag{7.46}$$

其中，P_{BS} 和 P_{SNB} 分别表示宏小区基站和 Small cell 基站的发送功率。

7.5　仿真与分析

本节对本章所提方案和理论分析进行仿真和验证。

图 7.3 的仿真参数如下。宏小区基站的发送天线数 $N_{\mathrm{t}}=16$，阴影衰落参数 $\sigma_{\mathrm{dB}}=4$，$\sigma_{\mathrm{r}}=3.2$，Nakagami 信道的衰落参数 $m=2$，Small cell 基站的发送天线数 $M=5$。从图中可以看到，随着宏小区基站密度的降低，Small cell 中用户信干比的概率密度函数形状逐渐变窄，说明接收端信干比的波动变小并逐渐稳定，Small cell 中用户的干扰降低，从而 Small cell 中用户的遍历容量提高。

图 7.4 是 Small cell 基站采用迫零预编码时，用户在聚合干扰下的误符号率性能曲线。从图中可以看到，随着发送端天线数目的增加 Small cell 用户的误符号率性能逐渐增大。从图中还可以看到，随着发送端功率的提高，Small cell 用户的误符号率逐渐趋于平缓，这表明 Small cell 用户在较大的聚合干扰影响时，仅通过增加发送端的天线数是不能持续提高 Small cell 用户性能的。图 7.4 也表明随着用户数的增加，Small cell 用户的误符号率性能逐渐降低，这是由于在发送端天线数一定的情况下，用户数的增加会降低多天线为每个用户带来的分集增益和阵列增益。

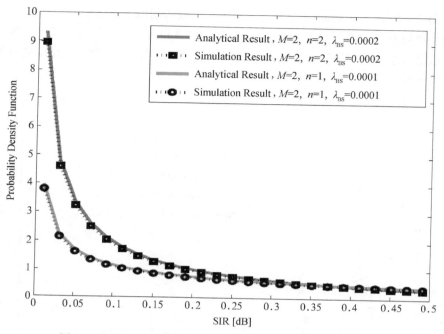

图 7.3　聚合干扰下 Small cell 用户信干比的概率密度函数曲线

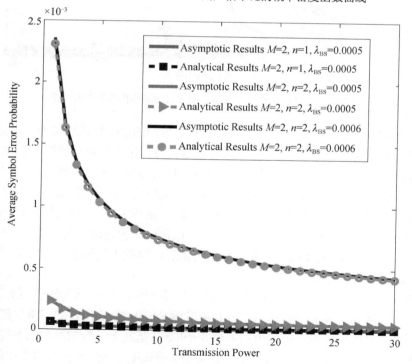

图 7.4　聚合干扰下 Small cell 用户的误符号率性能

　　图 7.5 是用户与 Small cell 基站之间大尺度衰落的概率密度函数，其中 $s = 10$ 。从图中可以看到，当用户与 Small cell 基站的距离较大时，大尺度衰落的影响将减小，这是由于在用户位置服从泊松点过程的情况下，当 s 一定时，大尺度衰落的分布范围也随之确定。

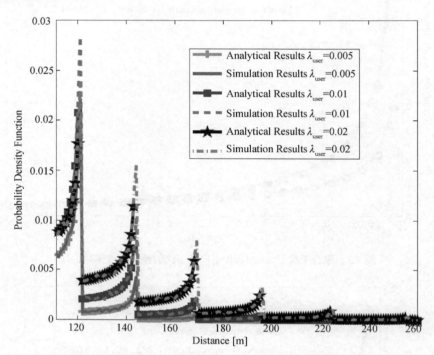

图 7.5　用户与 Small cell 基站之间大尺度衰落的概率密度函数

　　图 7.6 是 Small cell 在采用迫零预编码时，用户的信噪比的概率密度函数曲线。从图中可以看到，当 Small cell 基站天线数增多时，用户信噪比的概率密度函数曲线逐渐向高信噪比移动，这表明当 Small cell 基站的发送天线数增多时，与较少天线数时相比，用户的信噪比主要分布在较高的范围内，因此 Small cell 发送天线数的增加可以提高聚合干扰下用户的性能。同时，从图中还可以看到，当 Small cell 基站与 Micro cell 基站的距离 s 较大时，用户的信噪比也逐渐向高信噪比范围移动，这是由于 Small cell 与 Micro cell 基站距离越近，同频干扰就越严重，从而降低了 Small cell 中用户的性能。

　　图 7.7 是 Small cell 中第 k 个用户的容量随着 Small cell 基站天线数的变化情况。从图中可以看到，Micro cell 基站的分布密度对 Small cell 中用户的容量性能有较大影响。尤其是在低信噪比范围内，即使 Small cell 基站天线数的增加也不能有效地提高 Small cell 用户的容量性能。这是因为 Micro cell 基站分布密度的增加使 Small cell 受到的聚合干扰也随着增大，因此用户的容量性能也逐渐降低。

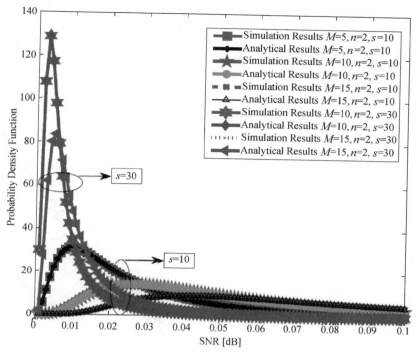

图 7.6　Small cell 采用迫零预编码时用户信噪比的概率密度函数

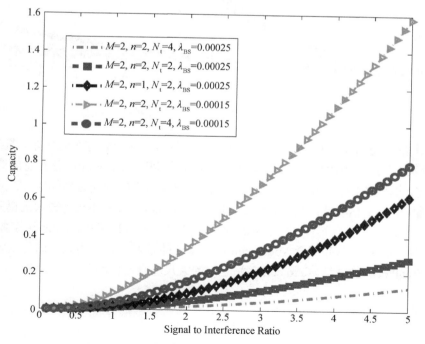

图 7.7　Small cell 用户的容量随发送天线数的变化情况

　　图 7.8 是 Small cell 中第 k 个用户的容量与 Small cell 中用户数目的关系。从图中可以看到，随着 Small cell 中用户数的增加第 k 个用户的容量将逐渐降低，这是由于 Small cell 中用户数目的增加会降低多天线技术为每个用户带来的分集增益和阵列增益，从而用户的容量性能也随之降低。

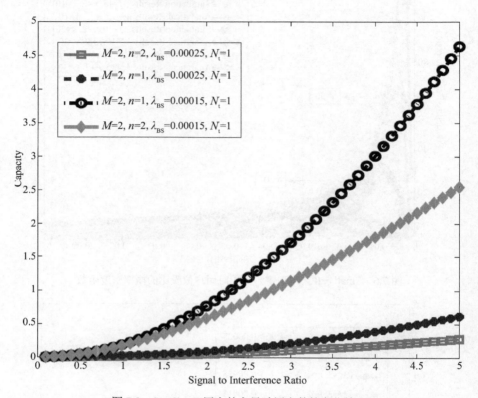

图 7.8　Small cell 用户的容量随用户数的变化情况

　　图 7.9 和图 7.10 对比了所提接入方案和传统方案在能效方面的性能。图 7.9 是 Small cell 基站在单用户 MIMO 场景下，且信道服从 Nakagami-m 分布时的能效性能对比。而图 7.10 是 Small cell 基站在采用迫零预编码时的能效性能对比。从图中可以看到，随着信噪比的增加，所提方案的能效与传统方案相比有较大的提升，并且对于任意一个用户而言，当 Small cell 基站与 Micro cell 基站之间的距离越大时，其选择接入 Small cell 或者 Micro cell 所带来的能效增益越不明显，这是由此时用户与 Small cell 基站和 Micro cell 基站之间的大尺度衰落差距不大导致的。

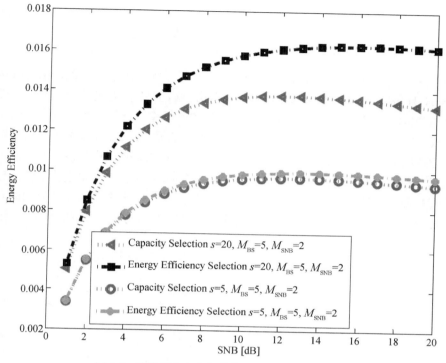

图 7.9　所提接入方案与传统方案的能效性能对比

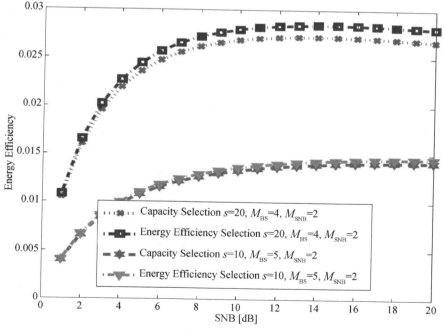

图 7.10　线性预编码时所提接入方案与传统方案的能效性能对比

7.6 小　结

本章针对聚合干扰下 Small cell 的场景，分析了宏小区基站的覆盖位置服从泊松分布，且多用户预编码采用线性预编码时用户端的性能。通过基于概率密度函数的性能分析法，推导出了 Small cell 中用户的中断概率、误符号率以及容量的闭合表达式。结果表明，由于聚合干扰的存在，仅仅依靠 Small cell 基站天线数的增加并不能持续提高用户端的性能。进一步地，针对 Small cell 用户的接入问题，本章提出了一种大尺度衰落下基于能效的用户接入方案，并对所提方案进行了性能分析和仿真验证。从仿真结果可以看到 Small cell 用户接入方案在提高能效方面的有效性和理论分析的正确性，所提接入方案的能效要优于其他接入方案的性能。

第 8 章 结论与展望

8.1 工 作 总 结

21 世纪以来，无线通信技术的发展突飞猛进。一方面，移动通信技术从 2G 推进到 3G，到如今 4G 网络已在全球部分地区开始商用，带宽更宽，数据传输速率更高，应用更广泛，从最初的语音通话，到如今的智能终端，支持语音、数据以及各种多媒体业务，极大地满足了不断增长的用户需求；另一方面，宽带无线接入技术的发展也如火如荼，从 IEEE 802.11a、IEEE 802.11b 到 IEEE 802.11g，再到 IEEE 802.11n，乃至 IEEE 802.11ac、IEEE 802.11ah、IEEE 802.11aj，从单天线到多天线，从大带宽到可变宽带，从孤立热点到支持切换的全方位覆盖等。所有这一切都预示着，这两者正朝着同一个方向融合演进，即实现无处不在的移动因特网。

MIMO 多天线技术带来的分集增益和阵列增益有效地对抗了无线信道的衰落，极大地提高了信号传输的可靠性，成为一项业界普遍认可的提高无线通信系统性能的有效技术，而且多天线技术已经逐渐被新一代的无线通信主流协议采纳，但是现有技术等条件的约束和限制使多天线技术仍存在诸多问题，分析表明，借助协作中继、网络编码等一些新的理论和手段，并利用干扰消除、干扰避免以及通过物理层和 MAC 层的层间协作传输，可以有效地提高整个系统的性能。本书正是基于这一点，深入研究了"无线通信网络中宽带协作传输方案的研究及其性能分析"课题，研究内容涉及联合协作中继选择和网络编码的协作传输策略及其性能分析，联合物理层和 MAC 层的层间协作传输，以及基于 MAC 层协作的传输方案及其性能分析等。本书的研究工作总结如下：

(1)针对两个信源节点、多个协作中继的系统模型，基于最大化较小链路的信噪比的选择准则，研究了不同参数 Nakagami-m 衰落信道下放大转发的双向中继选择的性能,通过基于概率密度函数的性能分析法推导了双向中继选择系统的中断概率和平均误符号率等闭合表达式,得到了各个节点发送功率不同时双向中继选择系统的传输性能。所推导的各种情况下解析解与数值仿真结果吻合良好。通过对双向中继选择系统两跳信道不均衡时的性能分析可知，两跳信道质量的不同对系统性能的影响也不同，而且通过分析双向中继选择系统的平均误符号率的性能发现，系统的平均误符号率近似等于两个信源节点中误符号率较差的节点。

(2)针对两个信源节点、多个协作中继的系统模型，基于最小化较差链路误码率的选择准则，研究了不同参数 Nakagami-m 衰落信道下联合网络编码和双向中继选择的协作传输方案的性能，分别考虑了联合网络编码和不联合网络编码两种情况。通过基于概率密度函数的性能分析法，推导了联合网络编码的协作中继选择方案的中断概率和平均误码率的闭合表达式，进一步推导了无协作中继选择时网络编码的平均误码率的闭合表达式。推导的各种情况下的解析解与数值仿真结果吻合良好，并且联合网络编码的协作中继选择方案的性能要优于无协作中继选择的网络编码方案，通过推导得到了联合网络编码的协作中继选择方案相对于无协作中继选择的网络编码方案的性能增益。

(3) 基于 IEEE 802.11 的超高吞吐量无线局域网协议，针对 OBSS 处的站点在新型的 MU-MIMO 传输机制下受到的干扰比较严重，无法满足其服务质量要求的特点，提出了两种解决方案。第一种是缓解 OBSS 站点干扰强度的多组调度方案，通过对不同组的自适应调度以降低 OBSS 处站点的干扰强度；第二种方案是基于波束方向约束的干扰避免方案，通过对物理层和 MAC 层的优化设计，系统"和速率"有较大的提升，所提方案不仅能够基本解决 OBSS 站点的强干扰问题，而且只需较小的帧结构修改，易于实现。

(4) 基于 IEEE 802.11 的超高吞吐量无线局域网协议，针对其新引入的 MU-MIMO 传输机制进行了深入研究，提出了几点改进的优化设计方案，并完成了相应的性能分析。所提出的几点改进方案包括：第一，针对 MU-MIMO 预编码要求信道信息比较精确的特点提出在其 TXOP 初始化后用块确认帧对信噪比进行反馈来提高 MU-MIMO 预编码的性能，并基于该反馈信息，采用"和速率"最大化准则进行了功率分配的优化设计；第二，针对 MU-MIMO 分组后通信需要进行 RTS 轮询的机制，规定接入站点需要先对主 AC 用户进行轮询以提高 TXOP 初始化成功的概率；第三，由于 MIMO 多用户分组后，一个用户组有多个主 AC 用户，如果只对第一个主 AC 用户轮询后失败就放弃该 TXOP 初始化，那么将导致各站点进入回退阶段，从而降低系统有效的数据传输量，而且对其他主 AC 用户也不公平，因此提出在多个主 AC 用户存在时 AP 需要对第二个主 AC 用户轮询后再决定是否放弃该 TXOP。最后对 IEEE 802.11ac 的 MU-MIMO 传输方案进行了系统的性能分析，仿真结果表明，改进的传输方案在吞吐量方面获得了明显的性能增益，且对性能的理论分析与仿真结果吻合。

(5) 针对 VHT WLAN 引入 MU-MIMO 和带宽扩展后造成的载波侦听机制呈现的一些问题，提出了基于 MAC 层协作的 TLNAV 方案，该方案不仅有效解决了传统机制存在的问题而且在实际应用中简单易行，并能获得系统吞吐量的有效提升。在此基础上，提出了一种超高吞吐量无线局域网的不等带宽发送方案，该方案不仅解决了多用户模式发送时带宽的浪费问题，而且获得了系统吞吐量的进一步提高。本书对所提方案进行了性能分析，获得了所提方案在单用户和多用户发送模式下的吞吐量增益。最后，本书通过仿真验证了所提方案的有效性以及理论分析的正确性，从数值仿真结果可以看到，随着传输机会内剩余时长的增加，所提方案能获得显著的吞吐量性能增益。

(6)在同信道干扰下 Small cell 的场景下,分析了宏小区基站覆盖位置服从泊松分布,多用户预编码采用线性预编码时用户端的性能,通过基于概率密度函数的性能分析法,推导出 Small cell 用户的中断概率和误符号率的闭合表达式,以及 Small cell 中用户端容量的闭合表达式,结果表明,由于聚合干扰的存在,仅仅依靠 Small cell 基站天线数的增加并不能持续提高用户端的性能。进一步地,针对 Small cell 用户的接入问题,提出了一种基于能效的用户接入方案,并对所提方案进行了性能分析和仿真验证,从仿真结果可以看到所提 Small cell 用户接入方案在提高系统能效方面的有效性及理论分析的正确性,所提接入方案的能效要优于其他接入方案的性能。

8.2　未来研究展望

本书主要对无线通信网络中宽带协作传输方案及其性能进行了研究和分析,获得了一些成果和结论。但这对于无线通信网络中宽带协作传输方案及其性能的研究还只是沧海之一粟,有待于未来更进一步的研究和探讨,而且随着无线通信产业的高速发展,会有众多的新技术、新方案和新理论出现,这些新思想都将给未来无线通信网络的发展带来巨大的进步。未来的工作拟集中于以下几个方面。

(1)将干扰对准与网络编码和协作中继选择相结合,重点针对多用户多天线的场景,尤其是如何对发送端和接收端的预编码矩阵进行联合优化,来提高整个系统的性能,并保证较低的复杂度以便实际中的推广应用。

(2)超高吞吐量无线局域网的到来,降低了人们对传统的蜂窝网络的要求,随之带来的异构网络下的干扰仍是一个亟待解决的问题,有效地进行 Small cell 网络和宏基站网络之间的切换消除干扰的一个方案。

(3)联合物理层和 MAC 层的优化设计也是解决异构网络之间干扰的有效手段,同时新技术向更上层协议的引入也是提高系统性能的发展方向。

(4)Small cell 与宏基站之间有效地进行位置和发送功率等的部署不仅可以降低异构网络之间的干扰,而且可以节省实际中运营商的运行成本。

参 考 文 献

[1] PARSONS D. The mobile radio propagation channel. New York: Wiley, 1994.

[2] POON A S Y, BRODERSEN R W. The role of multiple antenna systems in emerging open access environments.EE times communication design conference, 1994: 1-10.

[3] ERCEG V, GREENSTEIN L J, TJANDRA S Y, et al. An empirically based path loss model for wireless channels in suburban environments. IEEE journal on selected areas in communications, 1999, 17(7): 1205-1211.

[4] GHASSEMAZADEH S S, GREENSTEIN L J, KAVCIC A, et al. UWB indoor path loss model for residential and commercial buildings. IEEE vehicle technology conference, 2003,5:3115-3119.

[5] GOLDSMITH A. Wireless communications. Cambridge : Cambridge University Press,2005.

[6] ADACHI F, FEENEY M, WILLANSON A, et al. Cross correlation between the envelopes of 900MHz signals received at a mobile radio base station. IEEE proceedings, 1986,133(6):506-512.

[7] BRAUN W, DERSCH U.A physical mobile radio channel model. IEEE transactions on vehicle technology, 1991, 40(2): 472-482.

[8] JAMES H B, WELLS P I.Some tropospheric scatter propagation measurements near the radio horizon.IRE proceedings, 1995:1336-1340.

[9] SUGAR G R. Some fading characteristics of regular VHF ionospheric propagation.IRE proceedings, 1995:1432-1436.

[10] BASU S, MACKENZIE E M, BASU S, et al. 250 MHz/GHz scintillation parameters in the equatorial, polar, and aural environments. IEEE journal on selected areas in communications, 1987, 5(2):102-115.

[11] RICE S O.Statistical properties of a sine wave plus random noise.The bell system technical journal,1948,27(1):109-157.

[12] STEWART K A, LABEDZ G P, SOHRABI K.Wideband channel measurements at 900 MHz. IEEE vehicle technology conference,1995,1:236-240.

[13] BULTITUDE R J C, MAHMOUD S A, SULLIVAN W A.A comparison of indoor radio propagation characteristic at 910MHz and 1.75GHz. IEEE journal on selected areas in communications,1989, 7(1):20-30.

[14] MUNRO G H.Scintillation of radio signals from satellites.Journal on geophysical researches,1963, 68(7):1851-1860.

[15] NAKAGAMI M.The M-distribution: A general formula of intensity distribution of rapid fading.Statistical methods in radio wave propagation, Oxford, 1960.

[16] SUZUKI H. A statistical model for urban multipath propagation. IEEE transactions on communications, 1971, 21(1):1-9.

[17] AULIN T. Characteristic of a digital mobile radio channel.IEEE transactions on vehicle technology,

1981, 30(2):45-53.

[18] SHEIKH A U. Indoor mobile radio channel at 946MHz measurements and modeling.IEEE vehicle technology conference, 1993:73-76.

[19] SHANNON C. A mathematical theory of communication.The bell system technical journal, 1948,27:379-423.

[20] TELATAR I E. Capacity of multi-antenna gaussian channels. European transactions on telecommunication, 1999,10(6):585-595.

[21] FOSCHINI G. Layered space time architecture for wireless communication in a fading environment when using multi-element antennas.The bell system technical journal,1996,1(2):41-59.

[22] PAULRAJ A, NABAR R, GORE D. Introduction to space time wireless communications. Cambridge: Cambridge University Press, 2003.

[23] PAPOULIS A, PILLAI S U. Probability, random variables, and stochastic processes. New York: McGraw-Hill, 1984.

[24] GARCIA A L. Probability and random processes for electrical engineering.2nd ed.New York: Addison Wesley,1994.

[25] SENDONARIS A, ERKIP E, AAZHANG B. User cooperation diversity-Part II: implementation aspects and performance analysis. IEEE transactions on communications,2003,51(11):1939-1948.

[26] LANEMAN J N, TSE D N C, WORNELL G W. Cooperative diversity in wireless networks: efficient protocols and outage behavior.IEEE transactions on information theory, 2004, 51(12):3062-3080.

[27] LANEMAN J N, WORNELL G W. Distributed space time coded protocols for exploiting cooperative diversity in wireless networks.IEEE transactions on information theory, 2003, 49(10):2415-2425.

[28] SENDORNARIS A, ERKIP E, AAZHANG B. Increasing uplink capacity via user cooperation diversity.IEEE international symposium on information theory,1998:156.

[29] SENDONARIS A, ERKIP E, AAZHANG B. User cooperation diversity-Part I: system description. IEEE transactions on communications,2003,51(11):1927-1938.

[30] KATZ M, SHAMAI S. Relaying protocols for two collocated users. IEEE transactions on information theory,2006,52(6):2329-2344.

[31] NOSRATINIA A, HUNTER T E, HEDAYAT A. Cooperative communication in wireless networks.IEEE communications magazine, 2004,42(10): 74-80.

[32] SCAGLIONE A, GOECKEL D L, LANEMAN J N. Cooperative communications in mobile ad hoc networks. IEEE signal processing magazine, 2006,23(5):18-29.

[33] BLETSAS A, KHISTI A, REED D P, et al.A simple cooperative diversity method based on network path selection.IEEE journal on selected areas in communications, 2006,24(3):659-672.

[34] AHLSWEDE R, CAI N, LI S, et al. Network information flow.IEEE transactions on information theory, 2000,46(4):1204-1216.

[35] TRACEY H, DESMOND S L. Network coding: an introduction. Cambridge, Oxford University Press, England, 2007.

[36] KRIKIDIS I. Relay selection for two way relay channels with MABC DF: A diversity perspective.

IEEE transactions on vehicular technology,2010,59(9):4620-4628.

[37] POPOVSKI P, YOMO H. Physical network coding in two way wireless relay channels. IEEE international conference on communications,2007:702-712.

[38] ZHANG S L, LIEW S C. Channel coding and decoding in a relay system operated with physical layer network coding.IEEE journal on selected areas in communications,2009,27(5):788-796.

[39] ZHANG S L, LIEW S C. Physical layer network coding with multiple antennas.IEEE wireless communications and networking conference,2010:1-6.

[40] ZHANG S L, LIEWS C, LU L. Physical layer network coding schemes over finite and infinite fields. IEEE global telecommunications conference,2008:1-6.

[41] ZHANG S L, LU L Y, NIE C P, et al. Channel coding and decoding in a MIMO TWRC with physical layer network coding.IEEE personal indoor and mobile radio communications, 2012:95-99.

[42] ZHANG S L, LIEW S C, ZHOU Q F, et al. Non memoryless analog network coding in two way relay channel.IEEE international conference on communications,2011:1-6.

[43] FU S L, LU K J, ZHANG T, et al. Cooperative wireless networks based on physical layer network coding.IEEE transactions on wireless communications,2010,17(6):86-95.

[44] FRAGOULI C, SOLJANIN E. Information flow decomposition for network coding.IEEE transactions on information theory,2006,52(3):829-848.

[45] BAVIRISETTI T D, GANESAN A, PRASAD K, et al. A transform approach to linear coding for acyclic networks with delay.IEEE information theory proceedings,2012:1902-1906.

[46] TANG C H, LU H C, LIAO W J.On relay selection in wireless relay networks with cooperative network coding.IEEE international conference on communications,2011:1-5.

[47] SONG L Y, GUOH, JIAO B L, et al. Joint relay selection and analog network coding using differential modulation in two way relay channels.IEEE transactions on vehicular technology, 2010,59(6):2932-2939.

[48] CHEN C, BAI L, WU B, et al. Relay selection and beamforming for cooperative bidirectional transmissions with physical layer network coding. IET communications,2011,5(4):2059-2067.

[49] JU M C, KIM I M. Relay selection with physical layer network coding. IEEE global telecommunications conference,2010:1-5.

[50] ZHOU M, CUI Q M, JANTTI R, et al. Energy efficient relay selection and power allocation for two way relay channel with analog network coding.IEEE communications letters,2012,16(6):816-819.

[51] BASTAMI A H, OLFAT A. Optimal SNR based selection relaying scheme in multi relay cooperative networks with distributed space time coding. IET communications,2010,4(6):619-630.

[52] JI B F, SONG K, YANG LX. Relay selection with network coding in two way relay Nakagami channels. IEEE the 13th international conference on communication technology,2011:994-998.

[53] LI Y H, LOUIE H Y R, VUCETIC B. Relay selection with network coding in two way relay channels.IEEE transactions on vehicular technology,2010,59(9):4489-4499.

[54] PAN H T, CHEN C K. Single relay selections with amplify forwarding and network coding in two way relay channels.IEEE computer science and service system,2012:1232-1235.

[55] MOBINI Z, SADEGHI P, ZOKAEI S. Joint power allocation and relay selection in network coded

multi-unicast systems.IEEE wireless communications and networking conference,2012:1113-1118.

[56] 吉晓东,郑宝玉. 物理层网络编码机会中继及中断性能分析. 电子与信息学报, 2011,33(5):1186-1192.

[57] CAO M, RAGHUNATHAN V, KUMAR P R. Cross layer exploitation of MAC layer diversity in wireless networks.IEEE international conference on network protocols proceedings, Santa Barbara, 2006:332-341.

[58] CALI E, CONTI M, GREGORI E. IEEE 802.11 wireless LAN: Capacity analysis and protocol enhancement.IEEE INFOCOM,1998, 1:142-149.

[59] BIANCH G. Performance analysis of the IEEE 802.11 distributed coordination function.IEEE journal on selected areas in communications,2000,18(3):535-547.

[60] LUO H, LU S, BHARGHAVAN V. A new model for packet scheduling in multihop wireless networks.ACM MOBICOM,2000:76-86.

[61] JAIN N, DAS S R, NASIPURI A. A multichannel CSMA MAC protocol with receiver based channel selection for multihop wireless networks. IEEE the 20th international conference on computer communications and networks,Cincinnati, 2001:432-439.

[62] SO J, VAIDYA N. Multi-channel MAC for AD Hoc networks: handling multi-channel hidden terminals using a single transceiver.ACM MOBIHOC ,2004:222-233.

[63] LUO H Y, LU S W, BHARGHAVAN V, et al. A packet scheduling approach to QOS support in multihop wireless networks.ACM mobile networks and applications,2004,9(3):193-196.

[64] KARTSAKLI E, ZORBA N, VERIKOUKIS C, et al. Multiuser MAC protocols for 802.11n wireless networks.IEEE international conference on communications,2009:1-5.

[65] KARTSAKLI E, ZORBA N, VERIKOUKIS C, et al. A threshold selective multiuser downlink MAC scheme for 802.11n wireless networks.IEEE transactions on wireless communications, 2011,10(3):857-867.

[66] HARO C A, SVEDMAN P, BENGTSSON M, et al. Cross layer scheduling for multiuser MIMO systems.IEEE communications magazine,2006,44(9):39-45.

[67] CHOI Y J, LEE N H, BAHK S. Exploiting multiuser MIMO in the IEEE 802.11 wireless LAN systems.Wireless personal communications, 2008,54(3):385-396.

[68] MIRKOVIC J, ZHAO J, DENTENEER D. A MAC protocol with multi user MIMO support for AD Hoc WLANs.IEEE the 18th international symposium on personal, indoor and mobile radio communications,2007:1-5.

[69] CISCO. Cisco visual networking index: Global mobile data traffic forecast update, Huawei Lt. d, whitepaper, Feb, 2011.

[70] STOCKER A. Small cell mobile phone systems.IEEE transactions on vehicle technology, 1984,33(4):269-275.

[71] CLAUSSEN H. Performance of macro and co-channel femtocells in a hierarchical cell structure. IEEE the 18th international conference on personal, indoor and mobile radio communication, 2007:1-5.

[72] HO L, CLAUSSEN H. Effects of user deployed, co-channel femtocells on the call drop probability in a residential scenario.IEEE the 18th international conference on personal, indoor and mobile

radio communication,2007:6 -10.

[73] CLAUSSEN H, HO L, SAMUEL L. Self optimization of coverage for femtocell deployments. IEEE wireless telecommunications symposium,2008:278-285.

[74] CLAUSSEN H, PIVIT F. Femtocell coverage optimization using switched multi element antennas.IEEE international conference on communications,2009:1-6.

[75] DHILLON H S, KOUNTOURIS M, ANDREWS J G. Downlink coverage probability in MIMO hetnets.IEEE the 46th international conference on signals, systems and computers,2012:683-687.

[76] ASHRAF I, BOCCARDI F, HO L. Sleep mode techniques for small cell deployments.IEEE communications magazine,2011,49(8):72-79.

[77] CHEN C S, NGUYEN V M, THOMAS L. On small cell network deployment: A comparative study of random and grid topologies. IEEE vehicular technology conference, 2012:1-5.

[78] WEI N, COLLINGS I B. A new adaptive small cell architecture. IEEE journal on selected areas in communications,2013,31(5):829-839.

[79] RAMANATH S, DEBBAH M, ALTMAN E, et al. Asymptotic analysis of precoded small cell networks.IEEE INFOCOM ,2010:1-8.

[80] AHMED F, DOWHUSZKO A A, TIRKKONEN O. Distributed algorithm for downlink resource allocation in multicarrier small cell networks. IEEE international conference on communications, 2012:6802-6808.

[81] NAKAMURA T, NAGATA S, BENJEBBOUR A, et al. Trends in small cell enhancements in LTE advanced.IEEE communications magazine,2013, 51(2):98-105.

[82] CHAE S H, CHOWDHURY M Z, NGUYEN T, et al. A dynamic frequency allocation scheme for moving small cell networks.IEEE international conference on ICT convergence,2012:125-128.

[83] BECVAR Z, MACH P. Performance of fast cell selection in two tier OFDMA networks with small cells.IEEE wireless days,2012:1-3.

[84] XIA P, CHANDRASEKHAR V, ANDREWS JG. Open vs. closed access femtocells in the uplink.IEEE transactions on wireless communications,2010,9(10):3798-3809.

[85] ZHANG J, ANDREWS J G.Distributed antenna systems with randomness.IEEE transactions on wireless communications,2008, 7(9): 3636-3646.

[86] SAKER L, ELAYOUBI S E, COMBES R, et al. Optimal control of wake up mechanisms of femtocells in heterogeneous networks.IEEE journal of selected areas in communications, 2012,30(3):664-672.

[87] SHI Z, REED M C, ZHAO M. On uplink interference scenarios in two tier macro and femto coexisting UMTS networks. EURASIP journal on wireless communications and networking,2010,2010(240745):1-8.

[88] GARCIA L G U, KOVACS I Z, PEDERSEN K, et al. Autonomous component carrier selection for 4G femtocells-A fresh look at an old problem.IEEE journal on selected areas in communications, 2012,30(3):525-537.

[89] KANG X, ZHANG R, MOTANI M. Price based resource allocation for spectrum sharing femtocell networks: A stacklberg game approach.IEEE journal on selected areas in communications, 2012,30(3):538-550.

[90] URGAONKAR R, NEELY M J.Opportunistic cooperation in cognitive femtocell networks.IEEE journal on selected areas in communications,2012, 30(3):607-616.

[91] DHILLON H S, GANTI R K, BACCELLI F, et al. Modeling and analysis of K-Tier downlink heterogeneous cellular networks.IEEE journal on selected areas in communications, 2012, 30(3):550-560.

[92] DHILLON H S, GANTI R K, ANDREWS J G. A tractable framework for coverage and outage in heterogeneous cellular networks.IEEE information theory and application workshop,2011:1-6.

[93] MUKHERJEE S. Analysis of UE outage probability and macrocellular traffic offloading for WCDMA macro network with femto overlay under closed and open access.IEEE international conference on communications,2011:1-6.

[94] COVER T M, GAMAL A E. Capacity theorems for the relay channel. IEEE transactions on information theory,1979,IT-25(5):572-584.

[95] JANANI M, HEDAYAT A, HUNTER T E, et al. Coded cooperative in wireless communications: space time transmission and iterative decoding.IEEE transactions on signal processing, 2006, 52(2):362-371.

[96] AZARIAN K, GAMAL H E, SCHNITER P. On the achievable diversity multiplexing tradeoff in half duplex cooperative channels.IEEE transactions on information theory,2005,51(12):4152-4172.

[97] GAMAL H E, AKTAS D. Distributed space time filtering for cooperative wireless networks.IEEE the 3th global telecommunications conference,2003, 4:1826-1830.

[98] JING Y, JAFARKHANI H. Network beamforming using relays with perfect channel information. IEEE transactions on information theory,2009, 55(6):2499-2417.

[99] RANKOV B, WITTNEBEN A. Spectral efficient protocols for half duplex relay channels.IEEE journal on selected areas in communications,2007,25(2):379-389.

[100] LARSSON P, JOHANSSON N. Interference cancellation in wireless relaying network.United States Patent, No. 7.336.930, 2008.

[101] PING J, TING S H. Rate performance of AF two-way relaying in low SNR region.IEEE communication letter,2009, 13(4):233-235.

[102] DUONG T Q, HOANG L N, BAO V N Q. On the performance of two way amplify and forward relay.IEEE transactions on communications,2009, E92B(12):3957-3959.

[103] MADAN R, MEHTA N B, MOLISCH AF, et al. Energy efficient cooperative relaying over fading channels with simple relay selection.IEEE transactions on wireless communications, 2008, 7(8):3013-3025.

[104] IBRAHIM A S, SADEK A, SU W,et al. Relay selection in multi node cooperative communications: when to cooperate and whom to cooperate with.IEEE transactions on wireless communications, 2008,7(7):2814-2827.

[105] JING Y, JAFARKHANI H. Single and multiple relay selection schemes and their diversity orders.IEEE transactions on wireless communications,2009,8(3):1414-1423.

[106] SRENG V, YANIKOMEROGLU H, FALCONER D D. Relayer selection strategies in cellular networks with peer to peer relaying.IEEE vehicle technology conference,2003,3:1949-1953.

[107] BLETSAS A,Shin H, Win M Z. Cooperative communications with outage-optimal opportunistic

relaying.IEEE transactions on wireless communications,2007,6(9):3450-3460.

[108] ZHAO Y, ADVE R, LIM TJ. Symbol error rate of selection amplify and forward relay systems.IEEE communications letters,2006,10(11):757-759.

[109] SONG L Y, HONG G, JIAO B, et al. Joint relay selection and analog network coding using differential modulation in two way relay channels. IEEE transactions on wireless communications,2010,9(2):764-777.

[110] JING Y. A relay selection scheme for two way amplify and forward relay networks.IEEE WCSP,2009:1-5.

[111] GUO H, WANG L H. Performance analysis of two way amplify and forward relaying with beamforming over Nakagami-m fading channels.IEEE the 7th international conference on wireless communications, network and mobile computing,2011:1-4.

[112] TONG H, ZEKAVAT S A. Asymptotic outage analysis of large size correlated MIMO systems.IEEE wireless communications and networking conference,2008:419-424.

[113] MESTRE X, FONOLLOSA J R. Capacity of MIMO channels: asymptotic evaluation under correlated fading.IEEE journal on selected areas in communications,2003,21(5):829-838.

[114] VIJAYAKUMARAN S, WONG T F, AEDUDODIA S R. On the asymptotic performance of threshold based acquisition systems in multipath fading channels.IEEE transactions on information theory,2005,51(11):3973-3986.

[115] SONG G, YE L. Asymptotic throughput analysis for channel aware scheduling.IEEE transactions on communications,2006,54(10):1827-1834.

[116] LANEMAN J N, TSE D N, WORNELL G W. Distributed space-time-coded protocols for exploiting cooperative diversity in wireless networks. IEEE transactions on information theory, 2003,49(10):2415-2425.

[117] MADSEN A, ZHANG J. Capacity bounds and power allocation for wireless relay channels.IEEE transactions on information theory,2004, 51(6):2020-2040.

[118] MICHALOPOULOS D S, SURAWEERA H A, KARAGIANNIDIS G K, et al. Amplify and forward relay selection with outdated channel estimates. IEEE transactions on communications, 2012, 60(5):1278-1290.

[119] SOLIMAN S S, BEAULIEU N C. Exact analysis of dual Hop AF maximum end to end SNR relay selection. IEEE transactions on communications,2012,60(8):2135-2145.

[120] ZHANG Z X, ZHANG Q, NIU Z S. Throughput improvement by joint relay selection and link scheduling in relay assisted cellular networks. IEEE transactions on vehicular technology, 2012,61(6):2824-2835.

[121] AHLSWEDE R, BALKENHOL B, Cai N. Parallel error correcting codes. IEEE transactions on information theory,2002,48(4):959-962.

[122] KUMAR B R, KUMAR B D. On network coding for sum networks. IEEE transactions on information theory,2012,58(1):50-63.

[123] YANG H J, MENG W X, LI B, et al. Physical layer implementation of network coding in two way relay networks. IEEE international conference on communications,2012:671-675.

[124] LIN H T, LIN Y Y, KANG H J. Adaptive network coding for broadband wireless access networks.

IEEE transactions on parallel and distributed systems,2013,24(1):671-675.

[125] THINH P D, JIN S W, IICKHO S, et al. Joint relay selection and power allocation for Two-way relaying with physical layer network coding. IEEE communications letters, 2013, 17(2):301-304.

[126] SIMON M K, ALOUINI M S. Digital communication over fading channels: A unified approach to performance analysis. Pairs: John Wiley and Sons, Inc. 2000.

[127] WANG Z D, GIANNAKIS G B. A simple and general parameterization quantifying performance in fading channels. IEEE transactions on communications,2003,51(8):1389-1398.

[128] GRADSHTEYN I S, RYZHIK I M. Table of integrals, series, and products.6th ed. San Diego, CA: Academic,2000.

[129] IEEE 802.11ac/D2.0.Draft STANDARD for Information Technology-Telecommunications and information exchange between systems: Local and metropolitan area networks-Specific requirements, Part 11: Wireless LAN Medium Access Control (MAC) and Physical Layer (PHY) specifications, Amendment 5: Enhancements for Very High Throughput for Operation in Bands below 6GHz,2011.

[130] BIANCHI G. Throughput analysis of end-to-end measurement- based admission control in IP. IEEE infocom,2000, 3:1461-1470.

[131] ADRIAN B, IMRE B, ROLF S. Stochastic Geometry. Martina Franca, Italy. Springer Berlin Heidelberg, September, 2004.

[132] 程远, 张源, 高西奇. 差错信道下无线局域网 EDCF 接入延时分析. 电子与信息学报, 2010,32(07): 1769-1773.

[133] ALIREZA B, AMIN M. Downlink multi user interference alignment in two cell scenario. IEEE the 12th Canadian workshop on information theory,2011:182-185.

[134] AMIN A, ALIREZA B. Downlink multi user interference alignment in compound MIMO X channels. IEEE the 12th Canadian workshop on information theory,2011:186.

[135] CHANGHO S, HO M, DAVID T. Downlink interference alignment. IEEE transactions on communications,2011,59(9):2616-2626.

[136] GONG M X, PERAHIA E, STACEY R, et al. A CSMA/CA MAC protocol for multi-user MIMO wireless LANs. IEEE global telecommunications conference,2010:1-6.

[137] CHOI Y J, LEE N H. Exploiting multiuser MIMO in the IEEE 802.11 Wireless LAN systems. IEEEwireless personal communication,2010, 54(3):385-396.

[138] KARTSAKLI E, ZORBA N, ALONSO L, et al. A threshold selective multiuser downlink MAC scheme for 802.11n wireless networks. IEEE transactions on wireless communications,2011, 10(3):386-396.

[139] CHRISTENSEN S, AGARWAL S R, CARVALHO E, et al. Weighted sum-rate maximization using weighted MMSE for MIMO-BC beamforming design. IEEE transactions on wireless communications,2008, 7(12): 4292-4799.

[140] SHAO X, YUAN J. Error performance analysis of linear zero forcing and MMSE precoders for MIMO broadcast channels. IET communications,2007,1(5):1067-1074.

[141] SZPANKOWSKI W. Analysis and stability considerations in a reservation multi-access system. IEEE transactions on communications,1983,31(5):684-692.

[142] PROAKIS J G. Digital communication.5th ed. New York: McGraw-Hill, 1983.

[143] IEEE 802.11e/D5.0. Draft supplement to standard for telecommunications and information exchange between systems LAN/MAN specific requirements-part II: Wireless medium access control (MAC) and physical layer (PHY) specifications: MAC enhancements for quality of service (QoS), 2011.

[144] ASUTOSH A, AHMAD K, EDWARD K. Opportunistic spectral usage: Bounds and a multi-band CSMA/ CA protocol. IEEE transactions on networking,2007,15(3):535-545.

[145] WENG C E, CHEN C Y. Optimal performance study of IEEE 802.11 DCF with contention window. IEEE international conference on broadband and wireless computing, communication and applications,2011:505-508.

[146] BABICH F, COMISSO M. Optimum contention window for 802.11 networks adopting directional communications. IEE electronics letters,2008, 44(16):994,995.

[147] NGUYEN H Q, BACCELLI F. A stochastic geometry analysis of dense IEEE 802.11 networks. IEEE INFOCOM, 2007:1199-1207.

[148] 程远, 张源, 高西奇. 差错信道下无线局域网 EDCF 接入延时分析. 电子与信息学报, 2010, 32(07)：1769-1773.

[149] 沈丹萍, 沈连丰, 吴名, 等. 基于自适应帧聚合机制的无线局域网吞吐量分析. 东南大学学报, 2011,41(04)：665-671.

[150] YAN J R, ZHANG M, LI J, et. al. Performance comparison of IEEE 802.11s EDCA based on different NAV settings. IEEE the 12th international conference on communication technology, 2010:755-758.

[151] RAO J, BISWAS S. Transmission power control for 802.11: A carrier sense based NAV extension approach. IEEE the 5th global telecommunications conference,2005:3440-3444.

[152] ADRIAN B, IMRE B, ROLF S. Stochastic Geometry. Martina Franca, Italy: Springer Berlin Heidelberg, September., 2004.

[153] FRANCOIS B, BARTLOMIEJ B. Stochastic geometry and wireless networks Volume I, II Theory. Pairs, John Wiley & Sons, Ltd. September., 2009

[154] CHEN M. Stochastic process in information and communication engineering. 3rd ed. Beijing: Science Press , 2009.

[155] ANDREWS J G, BACCELLI F, GANTI R K. A new tractable model for cellular coverage. IEEE conference on communication, control, and computing, 2010: 1204-1211.

[156] ANDREWS J G, CLAUSSEN H, DOHLER M, et al. Femtocells: Past, present, and future.IEEE journal on selected areas in communications, 2012, 30(3):497-508.

[157] CHANDRASEKHAR V, ANDREWS J. Uplink capacity and interference avoidance for two tier cellular networks. IEEE GLOBECOM,2007: 3322-3326.

[158] CHANDRASEKHAR V, ANDREWS J. Uplink capacity and interference avoidance for two tier femtocell networks. IEEE transactions on wireless communications,2009,8(7):3498-3509.

[159] CHOI D, MONAJEMI P, KANG S, et al. Dealing with loud neighbors: The benefits and tradeoffs of adaptive femtocell access.IEEE GLOBECOM, 2008:1-5.

[160] LOPEZ D, VALCARCE A, DELA G, et al. OFDMA femtocells: A roadmap on interference

avoidance.IEEE communications magazine,2009,47(9): 41-48.

[161] GOLAUP A, MUSTAPHA M, PATANAPONGPIBUL L. Femtocell access control strategy in UMTS and LTE.IEEE communications magazine,2009,47(9):117-123.

[162] SIMEONE O, ERKIP E, SHAMAI S. Robust communication against femtocell access failures. IEEE proceedings on information theory workshops,2009:263-267.

[163] SAHIN M, GUVENC I, JEONG M, et al. Handling CCI and ICI in OFDMA femtocell network through frequency scheduling.IEEE transactions on consumer electronics,2009,55(4):1936-1944.

[164] ALI O B S, CARDINAL C, GAGNON F. Performance of optimum combining in a poisson field of interferers and Rayleigh fading channels.IEEE transactions on wireless communications, 2010,9(8):2461-2467.

[165] MUKHERJEE A,BHATTACHERJEE S, PAI S, et al. Femtocell based green power consumption methods for mobile network.Computer networks. 2013，57（1）：162-178.

[166] GUAN X P, HAN Q N, MA K, et al. Robust uplink power control for co-channel two-tier femtocell networks.International journal of electronics and communications. 2013，67（6）：504-512.

[167] DU Y, CHENG F. The applications of the femtocell in the mobile home networks.The journal of China universities of posts and telecommunications,2011,18(1):127-130.

[168] YUN J Y, YOON S G, CHOI J G, et al. Contention based scheduling for femtocell access points in a densely deployed network environment.Computer networks, 2012,56(4):1236-1248.

[169] NAMGEOL O, HAN S W, KIM H. System capacity and coverage analysis of femtocell networks.IEEE wireless communications and networking conference,2010:1-5.

[170] RAMASWAMY V, DAS D. Multi-carrier macrocell femtocell deployment-A reverse link capacity analysis.IEEE vehicle technology conference, 2009:1-6.

[171] BLUM R S. MIMO capacity with interference.IEEE journal on selected areas in communications, 2003,21(5):793-801.

[172] MUKHERJEE S. Distribution of downlink SINR in heterogeneous cellular networks.IEEE journal on selected areas in communications,2012, 30(3):575-585.

[173] KANG X, ZHANG R, MOTANI M. Price based resource allocation for spectrum sharing femtocell networks: A stackelberg game approach.IEEE journal on selected areas in communications,2012,30(3):538-549.

[174] URGAONKAR R,NEELY M J. Opportunistic cooperation in cognitive femtocell networks.IEEE journal on selected areas in communications,2012, 30(3):607-616.

[175] Wei N, Collings B. A New Adaptive Small-Cell Architecture. IEEE Journal on Selected Areas in Communications, 2013, 31 (5):829-839.

[176] GE X H, HUANG K, WANG C X, et al. Capacity analysis of a multi cell multi antenna cooperative cellular network with co channel interference.IEEE transactions on wireless communications,2011, 10(10):3298-3309.

[177] SALBAROLI E, PERTROPULU A. Interference analysis in a poisson field of nodes of finite area .IEEE transactions on vehicle technology,2009,58(4):1776-1883.

[178] WIN M Z, PINTO P C, SHEPP L A. A mathematical theory of network interference and its

applications.IEEE proceedings,2009,97(2):205-230.

[179] CHEN Y, YUEN C, CHEW Y W. Double directional information azimuth sSpectrum and relay network tomography for a decentralized wireless relay network.IEEE ISITA,2010:726-731.

[180] YURY A, BRYCHKOV Y A. Handbook of special functions: derivatives, integrals, series and other formulas. Boca Raton: CRC Press, 2007.

[181] PRUDNIKOV A P, BRYCHIKOV Y A, MARICHEV O I. Integrals and series. Malaysia,Gordon and Breach Science, 1986,3.